人工智能

Artificial Intelligence

主编◎赵亮　张宁

北京师范大学出版集团
BEIJING NORMAL UNIVERSITY PUBLISHING GROUP
北京师范大学出版社

图书在版编目（CIP）数据

　人工智能/赵亮，张宁主编. —北京：北京师范大学出版社，
2019.6
　ISBN 978-7-303-24272-6

　Ⅰ.①人… Ⅱ.①赵… ②张… Ⅲ.①人工智能 Ⅳ.① TP18

中国版本图书馆CIP数据核字（2018）第248442号

营 销 中 心 电 话　　010-58802181 58805532
北师大出版社职业教育网　http://zjfs.bnup.com
电 子 信 箱　　zhijiao@bnupg.com

出版发行：北京师范大学出版社　www.bnup.com
　　　　　北京新街口外大街19号
　　　　　邮政编码：100875
印　　刷：天津市宝文印务有限公司
经　　销：全国新华书店
开　　本：787 mm×1092 mm　1/16
印　　张：15.25
字　　数：217千字
版　　次：2019年6月第1版
印　　次：2019年6月第1次印刷
定　　价：55.00元

策划编辑：倪　花　伊师孟　　责任编辑：马力敏
美术编辑：焦　丽　　　　　　　装帧设计：瀚视堂
责任校对：陈　民　　　　　　　责任印制：陈　涛

序言一
PREFACE 1

人工智能历经几十年的发展，对人类社会产生了深远的影响，制造、交通、医疗、金融、教育等行业都可见到由人工智能带来的升级与变革，人工智能已经成为经济发展的新引擎、社会发展的加速器。

抓住人工智能发展的机遇，实现人工智能所带来的科技红利，亟须加强人才的培养、提升国民对人工智能的认知和应用水平，这是一个全方位、持久性的挑战。引导中小学生对人工智能的兴趣并培养基本的智能素质，鼓励教师进行人工智能课程和教材的开发，资助人工智能领域的研究和应用，构建完整的智能教育链条，才能为人工智能的持续发展提供源源不断的力量，实质性地推动我国科技、经济的发展和社会的进步。

一方面，在高等教育阶段，教育部门、培养机构及相关学会在专业和课程设置等方面做了很多工作，并且在努力推动人工智能成为一级学科；另一方面，国务院 2017 年印发的《新一代人工智能发展规划》中提到，要"实施全民智能教育项目，在中小学阶段设置人工智能相关课程"，从人才培养的连续性以及普及人工智能素质教育出发，将人工智能教育的部分内容下沉到初中等教育阶段，让学生在中小学开始接触人工智能，是整个人才培养链条中必不可少的一环。

目前，我国在高中阶段的智能教育还处于起步阶段，应该鼓励各种形式的课程和教材开发工作。这本书的作者之一赵亮博士是来自北京师范大学的青年学者，长期活跃在教学和科研工作一线，具有丰富的教学经验和知识储备，同时又参加了中学教材的编写工作，对中学阶段的教学方法和知识水平有充分的了解。另一位作者张宁博士与我在第七届吴文俊人工智能科学技术奖颁奖典礼暨 2017 中国人工智能产业年会相识，他毕业于吴文俊院士所创立的数学机械化重点实验室，是国内较早从事深度学习研究的青年学者，对人工智能有着深刻的理解。两位作者在智能通识教育环节做出了有益的尝试和切实的努力，这本书一方面帮助中学生建立对人工智能的初步认识，为将来进一步学习打下基础；另一方面也注重实践操作，通过应用案例让学生感受到人工智能的魅力。希望两位青年学者将他们的经验和认识充分融入本书的内容中，并不断积累、更新迭代，把本书打造成中学人工智能教育的精品，推动智能素质教育的发展，引导和帮助更多中学生打开人工智能的大门。

中国工程院院士
中国人工智能学会理事长

序言二
PREFACE 2

回顾人工智能的发展史，人工智能的概念从提出到现在不过数十年，但人类对科学探索的好奇心及经济、社会的需求推动了智能化的迅速发展。特别地，此次人工智能浪潮中，深度学习在人工智能的诸多方向取得了颠覆性的成果，技术进步的同时，也蕴含着巨大的应用价值和商业潜力，吸引了大量人才和资金的关注。现在，人工智能已经广泛并且深入地渗透到各个行业，不但包括制造、金融、医疗等传统行业，更包括互联网这样的新兴产业，有效地促进了行业变革和创新。

作为教育行业的工作者，我也在持续地思考人工智能对教育的意义和作用。一方面，教育与人工智能的结合已经成为行业发展的趋势之一，在内容、技术、管理等各方面发挥了有效的辅助作用甚至成为必要手段；另一方面，人工智能持续发展的前提在于培养源源不断的、优秀的人工智能人才，这也是教育工作的一部分，并且是必须承担的责任。

优秀的人工智能人才不但善于解决人工智能中的理论及技术问题，同时，也会积极地投身于人工智能的教育工作。此书的作者，都是各自研究领域中优秀的青年学者，他们结合自己的研究经历和实践经验写成此书。这是人工智能教育的有益探索，也是真正对社会有益的工作。希望此书能够在实际课堂中发挥作用，帮助学生们学习、使用和探索人工智能。

新东方教育集团董事长

序言三
PREFACE 3

　　蒸汽机、电力和内燃机等技术将人类社会从农业时代带入工业时代，计算机和信息网络等技术又将人类社会从工业时代带入信息时代，当前，人工智能等技术正在将人类社会从工业时代带入智能时代。人工智能成了世界新一轮科技革命和产业变革的核心推动力。科技进步，正在加速推进社会发展，其作用从来没有现在这么大，而且会越来越大。人工智能课程进入中小学教育，正是适应了社会发展的趋势。青少年是祖国和社会的未来，智能化是人类社会前进发展的方向，青少年只有掌握了人工智能知识，才能够把握住未来社会前进的方向。

　　赵亮和张宁老师编写的《人工智能》一书，及时为中小学开设人工智能课程提供了教材保障。该教材内容丰富，逻辑结构编排合理，从人工智能的前世今生开始进行介绍，重点讲解人工智能编程语言 Python，并结合行为分析、模式识别、自然语言处理、自动驾驶等生动的具体应用案例，讲解几个典型的人工智能技术模型，包括决策树、贝叶斯概率、聚类、神经网络和深度学习等。通过本课程的学习，学生不但可以掌握人工智能的技术知识，还能够锻炼运用人工智能技术解决现实问题的知识应用能力和创新能力。

希望作者在教学过程中不断总结经验，虚心吸取广大师生意见，将本书

锤炼成一本精品教材，为培养优秀人才做出更大贡献。

中国人工智能学会副理事长

重庆邮电大学计算机学院院长

前　言
INTRODUCTION

我们所处的这个时代，科技发展日新月异，令人激动的发明和发现层出不穷。其中，人工智能作为新工业革命的基础驱动力量，正在引领诸多行业的变革，也在重塑我们的生活。

国务院于 2017 年正式发布《新一代人工智能发展规划》，把发展新一代人工智能作为国家战略，明确提出"实施全民智能教育项目，在中小学阶段设置人工智能相关课程"。在这一进程中，能够为人工智能教育贡献一分力量，是我们的荣幸，同时也是作为教育和科研工作者的责任。因为中学阶段的人工智能教育还处于起步阶段，可供参考的资料和标准很少，我们调研了教师、学生、科研人员以及行业从业者的意见和建议。在编写过程中，我们努力坚持如下几个原则。

第一，充分考虑中学阶段的知识水平和接受能力。目前虽然尚无人工智能课程标准可供参考，但是我们在编写过程中注意构建一个能与后续专业课程衔接的知识体系。

第二，区别于传统的人工智能教材，使用较多篇幅介绍和讲解新一代的人工智能技术。

第三，注重内容的完整性和逻辑性的同时，也强调实际操作技能，提供可实现的案例及相应代码，并开发相应的教学资源平台帮助开展教学工作。

第四，介绍和使用当前的主流技术与开发工具。例如，对深度学习进行讲解和应用，全书代码均使用人工智能第一语言 Python 编写等。

作为编者，我们对编写这样一本书的意义和难度深有体会，期望本书能够搭建一座通往人工智能的美妙世界的桥梁，通过循序渐进的逻辑与内容让读者在学习和实践中感受到人工智能的力量。限于能力和时间，本书肯定还有很大的提升空间，也难免会有不足之处，欢迎读者和专家予以批评指正。

目 录
CONTENTS

目 录
CONTENTS

第一章

从神话到现实：人工智能的历史

在我们所处的时代，人工智能被无数人提及并且已经以各种形式融入了生活的方方面面。在开始学习人工智能技术之前，这一章先介绍人工智能的前世与今生，梳理它的来龙去脉，解读它关注和解决的问题，讲述它发展过程中的故事，介绍为之付出努力的人物。有了这样的认识，才能够理性地看待人工智能，宏观地把握人工智能的发展方向。

第一节　古代人工智能

虽然人工智能的概念出现的历史不过短短数十年，但是人们对人工智能的追求始终贯穿于人类文明的历史进程之中，或幻想或尝试，各种形式的与人工智能相关的探索在人类历史中从未间断过。

图 1-1

最初人类先民对人工智能的渴望是体现在诸多预言和神话传说之中的。古希腊诗人荷马在史诗《伊利亚特》中塑造了锻造之神赫菲斯托斯的形象（图1-1），希腊神话中出现过的很多著名的武器和工艺品，如宙斯的闪电长矛、波塞冬的三叉戟、太阳神赫里阿斯的太阳马车等都是他制造的。传说他制作了一组金质的女机器人，这些机器人能帮助他完成高难度的铸造工作，甚至能开口说话。古罗马诗人奥维德所著的《变形记》中描述了一位雕刻家皮格马利翁，他爱上了自己所刻的雕像伽拉忒亚，爱神维纳斯为之感动，把生命赋予了雕像（图1-2）。这种将意识赋予无生命物质的故事在中国的神话传说中也屡见不鲜。很多先秦古籍中都有关于女娲的记载，传说她用黄泥仿照自己的形象捏制，并赋予它们生命，创造了人类社会。著名的古典文学名著《西游记》在中国家喻户晓，其中的主要形象之一孙悟空

图 1-2

也是东胜神洲花果山上的灵石所化。

19世纪的幻想小说，如玛丽·雪莱的《弗兰肯斯坦》和卡雷尔·恰佩克的《罗素姆的万能机器人》等，也描述过人造人和会思考的机器之类的题材。这样的幻想故事从古到今层出不穷，时至今日，这类题材依然是科幻小说和影视作品中经常出现的重要元素。由此可见，实现人工智能一直是人类的一个美好愿景。

随着技术的进步和制造水平的提高，人们逐渐不满足人工智能仅仅存在于想象之中，而是开始尝试制造具有一定行动能力的自动机械。文艺复兴时期，意大利伟大的艺术家达·芬奇不仅留下世人所熟知的《蒙娜丽莎》等画作，人们在他的手稿中，还发现了靠风能和水力驱动的人形机器人的设计草图，后人甚至根据草图，复原了这个能够做出一些简单动作的"机器武士"（图1-3）。

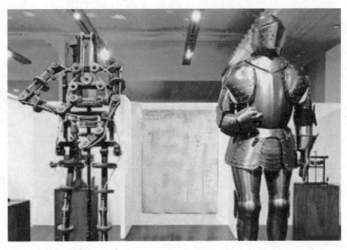

图1-3

16～18世纪，能工巧匠就已经能制造出形式各异的自动机械装置，其中有一些颇为精美有趣。1738年法国纺织技师雅克·沃康松在巴黎科学学会中展示他的几件作品，其中有一只"机械鸭"，不但可以行走、转向，甚至还能消化排泄。1773年瑞士钟表工匠皮埃尔·雅克-德罗和亨利-路易斯·雅克-德罗父子制造了一个人形装置，能够模仿人类写字、画画、弹风琴等行为。在日本的江户时代（1603—1867），机关人偶盛行，这可以看作是日本机器人技术的起点。当时的著名发明家细川半藏编著的《机巧图汇》中，详

图1-4

细记载了"奉茶童子"的设计说明，这是日本机关人偶的代表作品之一（图1-4）。主人将茶放置于人偶手上，人偶会自动移动到客人那里，客人喝完茶把杯子交还给人偶后，它又会返回原来的位置。江户时代还有一个天才的机械师叫作田中久重，他20多岁就制作出"拉弓童子"。这种人偶被视为江户时代人偶的巅峰之作，它能够准确地完成取箭、搭弓、拉弦和射箭一整套动作。值得一提的是，日本著名的东芝株式会社的前身就是田中久重于1875年创立的田中制造所。

在中国古代，早在封建社会初期就出现过机械人和人造人的形象。据《列子·汤问》记载，西周技师偃师制造了能歌善舞的人偶。周穆王最初还以为这些人偶是偃师的随行人员，拆解后才发现是由皮革、木头和胶漆制成的（图1-5）。

图1-5

《三国志·魏书》记载，魏国工匠马钧制造了一种指南车，车上小人的手指方向始终保持南向。三国时期蜀国丞相诸葛亮制造木牛流马的故事更是广为人知，《三国志·蜀书·诸葛亮传》中是这样描述的："九年，亮复出祁山，以木牛运，粮尽退军，与魏将张郃交战，射杀郃。十二年春，亮悉大众由斜谷出，以流马运，据武功五丈原，与司马宣王对于渭南。"（图1-6）

图 1-6

　　当然，无论是在古代的西方世界还是在古代的中国，上面提到的这些文献记载的发明创造，虽然可以被纳入广义的人工智能范畴，但它们多数是以木材、金属等为原材料，以弹拨力或水力驱动的机械装置，程式非常简单，虽然已经具有一定的自动化水平和自主行动能力，但与现代意义的人工智能相比，最大的差距是它们在心智上仍然与人类有着天壤之别。

第二节 现代人工智能

现代人工智能涉及计算机科学、数学、神经科学、物理学、语言学、哲学等众多学科，是典型的交叉学科，关于它的定义一直存有不同的观点。例如，诺维格和拉塞尔合著的《人工智能——一种现代方法》中提到，人工智能是"像人一样思考的系统、像人一样行动的系统、理性地思考的系统、理性地行动的系统"。大英百科全书中把人工智能定义为"数字计算机或者数字计算机控制的机器人执行通常与智能生物体相关的任务的能力"。

2018年1月，在国家标准化管理委员会的指导下，由中国电子技术标准化研究院编写并发布了《人工智能标准化白皮书（2018版）》，其中对人工智能做了如下定义。

人工智能是利用数字计算机或者数字计算机控制的机器模拟、延伸和扩展人的智能，感知环境、获取知识并使用知识获得最佳结果的理论、方法、技术及应用系统。

这个定义包含如下几层含义。

第一，人工智能的实现工具是数字计算机或者数字计算机控制的机器。即数字计算机是实现人工智能的核心，通过强大的计算能力和算法，起到类似于"人类大脑"的作用。计算能力和算法都依赖于人类技术进步，这充分体现了"人工"的作用。

第二，人工智能中的"智能"水平具有不同的级别，从模拟、延伸到扩展人的智能，从感知环境、获取知识到使用知识。人工智能的最高级别是可以超越人类智力水平的。

第三，人工智能的具体表现形式包括理论、方法、技术以及应用系统。

现代人工智能被分为弱人工智能和强人工智能。根据《人工智能标准化白皮书（2018 版）》的描述，弱人工智能是指不能真正实现推理和解决问题的智能机器，并不真正拥有智能，也不会有自主意识；而强人工智能是指真正能思考的智能机器，并且认为这样的机器是有知觉和自我意识的。强人工智能不仅在哲学和伦理学上存在争议，而且相关技术的研究工作也困难重重，当前的主流观点认为，未来几十年内强人工智能难以实现。

现代人工智能的发展首先得益于对人工智能的认识在思想层面的进步，逐渐从追求"形似"转而思考如何完成"神似"的目标。其中，关于形式推理的研究是这种进化的基础，中国、印度以及希腊等著名的哲学家早在一千多年以前就已经开始了这方面的思考。古希腊伟大的哲学家亚里士多德提出的三段论演绎法至今仍是形式推理的基础，欧几里得的《几何原本》也是早期形式推理的典范作品。与牛顿共同发明了微积分的德国数学家莱布尼茨认为人类的思想可以通过机械计算的方式实现。他从理论上研究了形式符号系统，并且还实际制造了可以计算 16 位乘法的手摇计算机（图 1-7），从这个意义上讲，他堪称现代计算机的先驱。

图 1-7

图 1-8

进入 20 世纪后，随着电子计算机技术的发展，人工智能进入快速发展时期。在人工智能领域对后世产生极大影响的一位人物是英国的数学家、逻辑学家艾伦·图灵（图 1-8），他被称为"计算机科学和人工智能之父"。在 1936 年的一篇题为《论数字计算在决断难题中的应用》的论文中，他提出了"图灵机"的设想，图灵的计算理论还证明了二进制的数字信号可以描述任何形式的数学推理。他的这些理论奠定了现代电子计算机的理论基础。1950 年他又发表了论文《计算机器与智能》，在其中提出了判断机器是否具有智能的试验方法，即著名的"图灵测试"。论文中还提到了机器学习、遗传算法、强化学习等在现代人工智能领域仍在研究和使用的概念。图灵的这些思想是人工智能的直接起源之一，也是人工智能领域十分重要的理论分支和研究方法。值得一提的是，为了纪念图灵的巨大贡献，美国计算机协会于 1966 年设立了"图灵奖"，以表彰在计算机科学中做出突出贡献的研究工作者，这个奖项被誉为"计算机界的诺贝尔奖"。

另一位在现代人工智能起源之际做出重要贡献的人物是美国的应用数学家、"控制论之父"诺伯特·维纳（图 1-9），他在 20 世纪 40 年代开始思考如何使计算机像大脑一样工作。他的一个重要贡献是把计算机看作一个进行信息处理和信息转换的系统，并且从控制论的角度，特别强调了反馈的作用，认为所有智能活动都是反馈机制的结果，从而可以使用机器模拟这些活动，维纳因此被视为人工智能"行动主义"学派的奠基人。

图 1-9

历史的车轮滚滚前进，来到 1956 年。这一年在美国新罕布什尔州的达特茅斯学院召开了在人工智能发展史上具有里程碑意义的会议——达特茅斯会议，这次会议后来被广泛认为是现代人工智能诞生的标志（图 1-10）。

图 1-10

　　会议由约翰·麦卡锡、马文·明斯基、克劳德·香农（图 1-11）以及内森·罗彻斯特共同发起，他们邀请了志同道合的专家在达特茅斯学院共同探讨人工智能。这次会议之所以被当作现代人工智能诞生的标志，一是因为正是在这次会议中，麦卡锡说服了参会者使用人工智能（Artificial Intelligence）这一术语。二是在会议进程中，与会者从学术角度对人工智能进行了严肃而深入的探讨。会议并非以传统的报告相关研究成果的方式展开，而是热烈地探讨了当时

图 1-11

尚未解决甚至尚未开展研究的问题，包括自动化计算机、如何使计算机自我提升、自然语言理解、神经网络、机器学习等经典的人工智能问题。三是会议的组织者与参加者在当时以及随后人工智能的第一个"黄金十年"中，都是举足轻重的人物。他们或者在学界开创了人工智能的重要研究方向，或者在业界引领技术的潮流，都为人工智能的发展做出了巨大的贡献。会议的发起人麦卡锡是人工智能领域中重要的 LISP 语言的主要发明者；麦卡锡还和明斯基一起在麻省理工学院领导了 MAC 项目，这个项目后来发展成世界上第一个人工智能实验室——MIT AI Lab；西蒙和纽维尔开创了人工智能的

一个学派——符号派；塞弗里奇是模式识别（人工智能的一个重要领域）的奠基人，写出了第一个可工作的人工智能程序；罗彻斯特是 IBM 第一代通用机 701 的主设计师；香农单枪匹马开创了信息论这一新的学科，这是整个数字化时代的奠基石，人们日常使用的手机通信、互联网、有线电视等都基于此，现在人工智能领域的很多重要方法同样需要用到香农的关于如何理解信息的想法。参加这次会议的 10 位正式成员中，有 4 人（麦卡锡、明斯基、西蒙、纽维尔）获得了计算机界的最高奖项——图灵奖。香农在当时已经是著名的科学家，他没有获得图灵奖不是因为他的成就不够大，而是因为他作为信息论的创始人，当时在科学界的地位已与图灵并驾齐驱，为了纪念他，通信领域的最高奖被命名为"香农奖"。

达特茅斯会议之后，人工智能的发展进入第一个黄金时期并持续到 1974 年。这十多年是一个人工智能大发展的时代，期间，现在使用的主流人工智能方法，如联结主义、专家系统、推理系统等在当时都出现了雏形，计算机已经可以解决简单的代数应用题，证明一些几何定理，进行比较初级的人机对话。

从当时的文献记载可以看出，研究者普遍对人工智能持有乐观的态度。如 1958 年，西蒙和纽维尔提出："十年之内，数字计算机将成为国际象棋世界冠军。""十年之内，数字计算机将发现并证明一个重要的数学定理。"1965 年，西蒙又说："二十年内，机器将能完成人能做到的一切工作。"1967 年，明斯基认为："一代之内……创造'人工智能'的问题将获得实质上的解决。"1970 年，明斯基说道："在三到八年的时间里我们将得到一台具有人类平均智能的机器。"

这一方面展现了第一代学者对人工智能发展趋势的预测能力，因为在某种程度上，他们的预言在今天都已经变成了现实。但是另一方面也显示出当时的学者对人工智能难度的评估是不足的，因为上述预言并未在预言的期限内实现，这令人们对人工智能的乐观期望遭受到严重的打击，并最终导致

1974 年到 1980 年，人工智能的发展进入第一次低谷。

低谷的含义是多方面的。首先，由于研究思路的局限性、算法的缺陷、计算能力的不足，使得人工智能的研究工作遇到了瓶颈。人们发现即使是最杰出的人工智能程序，也只能解决非常简单的问题。依据当时的计算机处理速度和内存容量，很多算法的实现几乎需要无限长的时间。例如，对人类来说非常简单的人脸识别任务，在当时实现起来极端困难，几乎未能取得任何实质性的进展。另外，对人工智能提供资助的机构，如英国政府、美国国防高级研究计划局（Defense Advanced Research Projects Agency，DARPA）等，由于研究目标不能实现，逐渐停止了对人工智能项目的资助，使得科研工作难以为继。值得一提的是，当时通过模拟人类神经元结构提出的感知器被发现有严重的缺陷，从而受到强烈批评，联结主义作为人工智能的实现方法之一也受到了忽视，而这恰恰是当今人工智能的主角——深度学习的基础。

进入 20 世纪 80 年代，人工智能重新回到人们的视线。1980 年卡内基·梅隆大学的麦克达默特为数字设备公司（DEC）设计了名为 XCON 的专家系统，在 1986 年以前，这套系统每年可为 DEC 节省四千万美元的费用，"专家系统"的商用价值被广泛接受，人工智能的研究又开始复苏。1981 年，日本经济产业省拨款八亿五千万美元支持第五代计算机项目，目标是造出能与人对话、翻译语言、解释图像，并像人一样进行推理的机器。受到日本的刺激，其他国家也纷纷做出响应。英国开始了耗资三亿五千万英镑的 Alvey 工程，美国微电子与计算机技术公司（Microelectronics and Computer Technology Corporation，MCC）开始向人工智能和信息技术的大规模项目提供资助，DARPA 也增加了人工智能项目的资助，人工智能重新回到了快速发展的轨道。

这次人工智能的热潮以专家系统为主导，它通过从特定学科中推演出的逻辑规则来实现回答或解决特定领域的问题。这种解决方案的应用仅限于某

个相对单一的知识领域，具有一定的推理解释功能，还可以避免复杂的常识问题，其简单的设计又使它能够较为容易地进行编程实现和移植，特别是专家系统的可解释性，即使在今天看来，也是深度学习所不能比拟的。这些优点使得专家系统成为 20 世纪 80 年代人工智能研究的主要方向，并将其成功应用于地质、医学、数学等领域。

在第二次人工智能热潮期间，基于联结主义的人工智能方法也取得了重要的进展。1982 年，物理学家约翰·霍普菲尔德证明一种新型的神经网络（现在被称为"Hopfield 网络"）能够用一种全新的方式学习和处理信息。大约在同时，大卫·鲁梅尔哈特推广了神经网络的反向传播算法。到了 20世纪 90 年代，神经网络被应用于字符识别和语音识别，并获得了商业上的成功。这些理论和应用上的进步终于使得 20 世纪 70 年代以来一直遭人遗弃的联结主义重获新生。

1987 年到 1993 年，人工智能的研究和行业应用又陷入了第二次低谷。这一方面是由于当时专家系统限制在特定领域的研究思路决定了它的先天局限性。以 20 世纪 80 年代出现的第一个试图解决常识问题的程序 Cyc 为例，它所采用的方法是建立一个容纳普通人知道的所有常识的巨型数据库。发起和领导这一项目的道格拉斯·莱纳特认为让机器理解人类概念的唯一方法是一个一个地教会它们，其规则和数据库的规模可想而知，最终这一工程耗费数十年时间也没有完成。事实上，按照当时的技术路线所制订的一些研究目标。例如，与人展开交谈，直到 2010 年也没有实现。人工智能历史研究者帕梅拉·麦克达克说道："不情愿的人工智能研究者们开始怀疑，因为它违背了科学研究中对最简化的追求。智能可能需要建立在对大量知识的多种处理方法之上。"

导致研究工作陷入低谷的另一个更直接的原因是市场的驱动力，它促使人们对人工智能的态度由狂热转向失望。Apple 和 IBM 生产的台式机性能在 1987 年已超过了 Symbolics 等厂商生产的智能计算机，价格也远远低于昂贵的智能机。XCON 等最初大获成功的专家系统发现了很多问题，如维护费用居高不下，并且使用过程中还有难以升级、出现莫名其妙的错误等。这些都导致了人们转而投向个人计算机的怀抱，政府机构也又一次减少了对人工智能研究工作的资助。

到了 20 世纪 90 年代，人们逐渐建立了对人工智能客观理性的认识，人工智能开始进入理性和平稳的发展期。随着计算能力的提升、算法的进步以及数据的积累，各种人工智能技术（未必以人工智能为名）也慢慢渗透到各个行业，人工智能的发展脚步比以往任何一个时期都更加谨慎，却也更加成功。

1997 年，IBM 的超级计算机"深蓝"战胜了国际象棋世界冠军卡斯帕罗夫（图 1-12），这是人工智能重回大众视野的一个标志性事件，当时引发了现象级的讨论。

图 1-12

从科学的角度观察，随着理论进步和数据量的增加，20 世纪 90 年代后新一代人工智能研究者开始使用越来越多的复杂的数学工具，使得研究结果更易于评估和证明，取得了巨大的成功。2006 年，杰弗里·辛顿在神经网络的深度学习领域取得突破，此后他始终大力推动深度学习的研究和应用。2016 年，使用深度神经网络并配合其他人工智能方法，Google 开发的 AlphaGo 击败围棋世界冠军李世石（图 1-13），这在学术界、商业领域和

公众之中，掀起了人工智能研究和应用的新一轮热潮，深度学习开始大放异彩，并成为人工智能的主流方法。关于深度学习，本书有专门章节讲述，这里不再赘述。

图 1-13

进入 21 世纪后，人工智能领域创新性的突破越来越多，技术发展的速度越来越快。现在的人工智能机器人可以与人类进行互动，棋类程序可以战胜最优秀的人类棋手，人们到异国旅行时能使用机器方便地翻译各国语言，机器医生对特定疾病的诊断能力已经超越了人类医生，甚至"好奇号"火星探测器都在使用人工智能技术完成它的火星探测任务，人们对人工智能取得进一步发展的期待比以往任何一个时期都要强烈，人工智能已经并必将强有力地塑造人类生活的现在和未来。

学习人工智能，满足人类对人工智能领域继续深入探索的好奇心，并使用人工智能去探索更多未知的世界，出发吧！

第二章

Python 基础

Python 是人工智能最常用的编程语言，本章介绍它的基本概念和使用方法。2018 年，在电气和电子工程师协会（Institute of Electrical and Electronics Engineers，IEEE）发布的编程语言排行榜上，Python 综合排名第一，用户增速、雇主需求也都排名第一，这足以说明 Python 的受欢迎程度和学习它的必要性。

第一节　认识 Python

　　尽管很多编程语言都能够实现"深度学习"等人工智能的各类型算法，但毫无疑问，Python 是当前人工智能领域的第一语言。从事人工智能编程的人们有多么喜欢 Python 呢？读者可以看这样一张有趣的照片（图2-1）。

图 2-1

　　在开始学习具体内容之前，下面首先对 Python 做一个简单的介绍，以便读者对 Python 建立整体的认识。Python 的设计理念崇尚优美、清晰、简单，这种理念正是它具有优秀的使用体验和广泛的使用群体的最直接原因。在学习和使用过程中，它呈现出来的特点可以概括为如下几个方面。

1. 简单

Python 是一种奉行简单主义思想的语言，简单是它最大的优点之一。阅读一段好的 Python 程序感觉就像是在读英语，尽管这种"英语"的语法要求稍微严格了一些。也正是因为如此，Python 被称为可执行的伪代码。

2. 易学

Python 语法简洁明了，结构清晰。无论是已经熟悉其他编程语言的高手还是初次接触编程的菜鸟，都非常容易学习。这样的特点，使得人们在使用过程中不必过度关注程序设计语言的形式细节，从而可以将更多的注意力放在程序自身的逻辑和算法上。

3. 免费且开源

Python 是 FLOSS（自由 / 开放源码软件）之一。FLOSS 是一个基于社区概念建立的组织，推崇知识分享的概念。Python 作为 FLOSS 成员软件之一，可以自由地发布 Python 的拷贝、阅读它的源代码、对它进行修改、把它的一部分用于新的自由软件。这也正是 Python 如此优秀的原因之一——它由一群希望看到更加优秀的 Python 的人创造并持续改进着。

4. 解释型语言

这是 Python 的运行机制。计算机通常不能直接接收和执行高级程序语言编写的源程序，这些源程序一定要先通过翻译程序翻译成 0-1 序列的机器语言，才能被计算机的 CPU 或者 GPU 执行。这种翻译有编译和解释两种方式。编译是指源代码先由编译器编译成可执行的机器代码，然后执行；解释是指源代码程序被解释器直接执行。这两种方式各有优缺点。例如，经典的C 语言就是采用编译执行的方式，而 Python 这种解释型语言的方便之处在

于，它可以通过在不同系统上安装解释器，使得使用 Python 编写的程序可以直接在这些系统上运行而无须进行修改。

5. 丰富的库

这是 Python 又一个非常吸引人的地方。全世界的爱好者、开发者为 Python 编写了众多的可完成各类任务的库，很多商业公司（包括 Google、Microsoft、Facebook 等 IT 巨头）也在开发和维护可以媲美商业软件的 Python 库。例如，著名的深度学习平台 TensorFlow 就是 Google 开发的 Python 库。

6. 面向对象

Python 既支持面向过程的编程，也支持面向对象的编程。在"面向过程"的语言中，程序是由过程或仅仅是由可重用代码的函数构建起来的。在"面向对象"的语言中，程序是由数据和功能组合而成的对象构建起来的。与其他主流的编程语言如 C++ 和 Java 相比，Python 以一种非常强大又简单的方式实现了面向对象编程。

Python 的这些特点与它自诞生之日起就秉承的开放态度密不可分。Python 由荷兰人吉多·范罗苏姆创造，他认为自己不是全能型的程序员，所以从发明这种语言之初，他就只负责框架。遇到复杂的问题时，社区起到了关键的作用，吉多会把问题抛给社区，交由开放社区中的其他人来解决。由于社区中人才丰富，各有专长（甚至创建网站、筹集基金这样距离技术开发较远的事情也有人乐于处理），所以 Python 发展过程中的许多问题都得以采用很好的方案解决。

Python 的开放性还体现在积极汲取其他语言的优点，它几乎借鉴了所有语言的成功之处，无论是已经进入历史的 ABC，还是依然在使用的 C 和 Perl，以及许多没有列出的其他语言。基于这种开放与合作的心态，Python

同时也在输出它的设计理念，如 Ruby 就借鉴了 Python 的很多想法。其实换个角度，Ruby 的成功何尝不是代表了 Python 某些方面的成功呢？许多大型的网站都使用 Python 作为开发语言，这些大型项目的成功，也进一步促进了 Python 的进化。例如，它是 Google 的第三大开发语言、多宝箱（Dropbox）的基础语言、豆瓣的服务器语言，甚至美国航空航天局（National Aeronautics and Space Administration，NASA）都在大量地使用 Python。

　　具体到人工智能领域，许多人工智能算法及行业应用软件，都是基于 Python 实现的。除了已经提到的那些 Python 的优点，还在于与人工智能相关的工作都不能回避数据处理，而使用 Python 可以轻松地处理数据文件，进行各种统计分析，这使得开发者不必依赖 Excel 等商业软件就可以进行数据处理和统计分析。另外，Python 还是一种网络编程语言，基于它可以进行网站的构建、分析、数据抓取、构建服务器 - 客户端的链接等，这使得基于数据流的业务，不需要在多个语言之间进行接口定义和传送，数据的传输也更加直接，这在某种程度上比采用 API 接口（用于程序或软件之间的沟通）效率更高。当然它最便利之处还在于，已有大量的使用 Python 的人工智能平台和工具，这种强大的人工智能生态系统使得通过它可以方便地构建和使用各种人工智能方法。

第二节　Python 的安装与初步使用

　　本节介绍 Python 的安装方法。需要注意的是，Python 有不同版本并且都还在使用，而 2.X 版本和 3.X 版本的语句和语法规则存在许多不兼容之处。虽然 Python 2.X 作为过渡版本依然拥有不少用户，但是鉴于官方对 Python 2.X 系列已经停止维护，所以推荐使用 Python 3.X 版本，本教材所有实践案例的代码都是基于 Python 3.6.5 进行开发的。

　　Python 可以在不同的操作系统中使用。例如，著名的开源操作系统 Linux/UNIX，还有苹果的 MAC OS 甚至苹果的手机操作系统 iOS，都可以使用 Python，当然也包括微软的 Windows 操作系统。鉴于 Windows 操作系统在中国的普及率最高，本教材使用基于 Windows 操作系统的 Python 进行讲解。在 Python 的官方网站中，最新的基于 Windows 操作系统的版本是 Python 3.6.5。

　　在官方网站下载相应版本的 Python 安装包后，就可以像在 Windows 操作系统下安装其他软件一样在电脑上安装 Python，为了使用方便，建议在 C 盘根目录下进行安装。

　　安装完成后，在命令提示符下输入"python"并回车，就可以进入 Python 的使用界面了（图 2-2）。需要说明的是，因为 Python 需要配合其他工具一起使用，所以这种安装方式并不是本教材推荐的最佳安装方式。

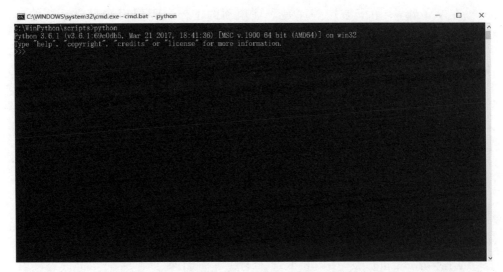

图 2-2 Python 界面

　　首先可以在 Python 的命令行窗口，尝试进行一些简单计算的编程操作。例如，进行如下计算。

```
>>> a=5
>>> b=10
>>> a+b
15
>>> a**b
9765625
```

　　其中 a+b 是求和，a**b 是代表 a^b，即 a 的 b 次方，在这里，就是计算 5 的 10 次方。更多的运算符将在本章第四节介绍。

　　前面已经介绍过，Python 的强大功能依赖于众多第三方的库，这些库相当于 Python 的工具，利用这些工具可以更方便地实现很多复杂的功能。例如，使用 Python 进行人脸识别、语音识别、制作下棋的程序等都需要各种各样库的支持。

在 Windows 下安装这些库是一项烦琐的工作，需要设置操作系统的环境变量，同时还要考虑这些库彼此的依赖性——因为后续库的一些功能需要依赖于前面的库中的程序，所以这些库的安装需要按照一定顺序进行才能顺利使用。如何才能最简化这样一个复杂的安装任务呢？可以通过整合重要的库的 Python 发行版进行安装，这些发行版同样是免费的。Python 发行版可以选择几种不同的方案，其中比较著名的有 Anaconda 和 WinPython，它们都整合了不同版本的 Python 以及常用的库，选择下载并安装合适的版本后，相应的 Python 以及重要的库就都可以使用了。为了减少安装各种库的烦琐过程，推荐初学者使用这种方式安装 Python 以及所需的库。

WinPython 可以从 github 下载。下载页面如图 2-3 所示，可以看到有针对不同版本 Python 的安装包可选，下载相应版本后直接双击安装即可。

Recent Releases

Release 2018-01 of April 7th, 2018

Highlights (**): pandas-0.22.0, jupyterlab-0.31.12 (beta 1) + nodejs-8.9.4, matplotlib-2.2.2, spyder-3.2.8 (Zero Version)

- WinPython **3.5**.4.2Qt5-64bit (*) Changelog, Packages and Downloads or Github Downloads
- WinPython **3.5**.4.2Qt5-32bit (*) Changelog, Packages and Downloads
- WinPython **3.6**.5.0Qt5-64bit (*) Changelog, Packages and Downloads
- WinPython **3.6**.5.0Qt5-32bit (*) Changelog, Packages and Downloads
- WinPython **3.7**.0.0b4-64bit (alpha) Changelog, Packages and Downloads

图 2-3　WinPython 下载页面

Anaconda 也可以在其官方网站下载。如图 2-4 所示，同样也有各种版本可以选择，请根据自己使用的操作系统进行下载，下载后直接双击进行安装就可以了。

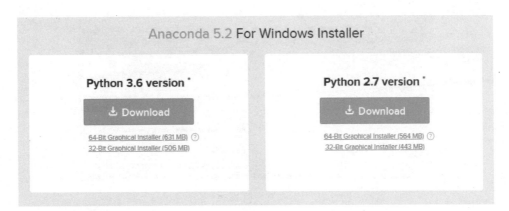

图 2-4

　　这两种发行版各有优势。相对来说，Anaconda 的使用界面更为友好，对各种库的整合程度也更高，在科学计算领域更为流行；但是 WinPython 集成了 Qt 系列，更便于进行工程开发，同时包内的依赖关系也更简单一些。

　　就使用体验而言，习惯了 Windows 交互式操作界面的读者在命令提示符那个"黑乎乎"的窗口里进行开发工作应该很不习惯，幸而这些 Python 发行版中都集成了"更舒服"的开发软件，叫作集成开发环境。

　　本教材在需要的地方会使用 Spyder 这种轻型集成开发环境作为示例。如果开始安装 WinPython 或 Anaconda 时选择的目录是 C 盘根目录，那在这个地方就可以找到 Spyder（也可以通过操作系统的程序菜单找到它）的快捷方式，如图 2-5 所示。可以点击鼠标右键，选择发送到桌面快捷方式，或者将其加入任务栏，以便将来使用。

Spyder reset.exe	2017/3/27 1:05	应用程序	138 KB
Spyder.exe	2017/3/27 1:05	应用程序	139 KB

图 2-5　Spyder

　　双击 Spyder 运行，如图 2-6 所示，就可以看到这个集成开发环境的样子。

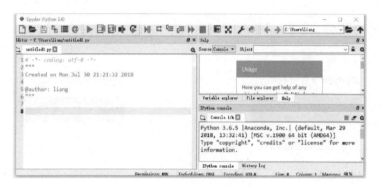

图 2-6　集成开发环境——Spyder

　　整个开发环境的界面分为三个区域，根据屏幕不同，这三个区域的摆放位置可能有所差异。图 2-6 中左侧是编辑代码的窗口，在这里可以编写各种 Python 程序，Python 程序存储的文件以 ".py" 作为后缀，这些文件可以在 Python 环境下被执行。

　　图 2-6 右侧上方是显示窗口，图中显示的是一些帮助信息，也可以通过选择标签显示其他信息。例如，选择 "File explorer" 显示当前目录下的文件，或者选择 "Variable explorer" 显示 Python 程序执行过程中变量的相关情况。执行本节开始时的简单计算程序后，显示的变量情况如图 2-7 所示。

Name	Type	Size	
a	int	1	5
b	int	1	10
c	int	1	9765625

图 2-7　变量显示示例

　　图 2-6 右侧下方是命令行形式的 Python 交互控制台，可以在这里进行交互式运算。在此窗口输入一条命令后，即会显示命令执行的结果。如果输入的命令有误，就会显示一些错误信息。值得说明的是，这些错误信息对于

改正程序编写中的错误是非常有用的，在实践过程中如果发现执行结果与预期不符或者程序不能顺利执行，应首先阅读这里给出的错误提示。

在控制台窗口，Spyder 还贴心地为每个输入的命令进行了编号，如 In[1]，In[2] 等，同时也对命令的执行结果（输出）进行了编号，如 Out[1]，并且输入和输出的编号是对应的，即 Out[1] 对应到执行 In[1] 后输出的执行结果。

作为练习，请尝试在交互式控制台中输入本节开始时使用的简单计算程序以熟悉这种执行命令的方式。整个输入输出如下所示。

```
In [1]: a=5
In [2]: b=10
In [3]: c=a**b
In [4]: a**b
Out[4]: 9765625
```

在控制台窗口下方有一个标签"History log"可以选择，叫作历史记录或者历史日志标签，选择这个标签后可以在窗口显示所有的输入命令的历史记录。某些版本的 Spyder 还会提供"Python Console"标签，如图 2-8 所示，这是纯命令行的形式。但是这个标签在最新版本的 Spyder 中已被取消。

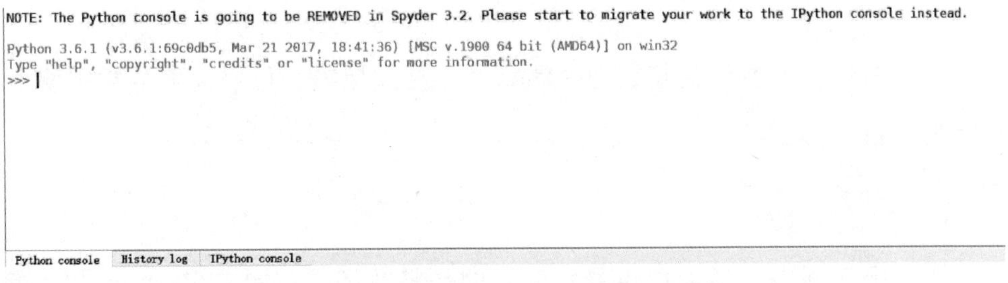

```
NOTE: The Python console is going to be REMOVED in Spyder 3.2. Please start to migrate your work to the IPython console instead.
Python 3.6.1 (v3.6.1:69c0db5, Mar 21 2017, 18:41:36) [MSC v.1900 64 bit (AMD64)] on win32
Type "help", "copyright", "credits" or "license" for more information.
>>> |
```

```
Python console    History log    IPython console
```

图 2-8　Spyder 的 Python Console

第三节 数据类型

Python 的语法规则非常简单，符合人类思考问题的逻辑，同时 Python 还提供了强大的对数据类型的支持，在某些编程语言中非常复杂的数据操作，在这里只需要简单的几条语句就可以实现。这使得使用这种编程语言时，可以专注于算法设计和解决问题。

在各种问题中需要处理的数据千差万别，例如，Excel 表格中的数据，可能是数字，也可能是英文字母，还有可能是一段中文，在人工智能领域，还经常需要处理图形、音频、视频等所谓的非结构化数据。接下来将介绍 Python 支持的几种常用的数据类型。需要说明的是，通过面向对象的数据结构，Python 可以支持几乎所有数据类型，这部分内容超出了本教材的范畴，感兴趣的同学可以在掌握本教材的内容后再进一步探索学习。

1. 数值

常用的数值类型包括整数型、浮点型、复数型等，可以涵盖数学中使用的常见数值。

(1) 整数型数值

在实际问题中，最简单也最常使用的是整数型。如果在 Python 中直接输入数字，则默认它为整数型。Python 用 int 表示整数型数值。

(2) 浮点型数值

浮点数就是带有小数的数值，在 Python 中所有分数都是采用浮点型数值来保存的（无限小数按一定精度保留位数），如 15.23，37.999 999 9，42.195 等。这样的浮点型数值在 Python 中可以直接输入。Python 用 float 来表示浮点数值。

(3) 复数型数值

Python 还支持复数。所谓复数是带有虚部的数，虚部用 i 来表示，如 3+5i，6−i 等。Python 中可以直接按这样的形式输入一个复数。Python 用 complex 来表示复数数值。

关于数值还有一点需要特别说明。在 Python 中可以使用各种不同进制的数值，如二进制、八进制、十六进制等，掌握如何使用区别于通常的十进制的方法来表示数值，对于理解一些较为深入的编程方法是非常有用的，这里做个简单的说明，读者可以在实践过程中慢慢摸索其中的道理和规律。

比较常见的是二进制数值，二进制的重要性在于它是数值在计算机内部的表示方式。因为计算机实际上只能处理 0 和 1 组成的数值，所以其他进制的数都是转化成二进制后进行存储和处理的。更广泛地，计算机中的代码、各种音频、视频和照片等，在存储的时候也都是使用 0 和 1 组成的数据来存储，这些数据在读取时就像数据组成的河流，源源不断地进入计算机的不同部分，经计算机处理之后，才展现出我们熟悉的样子。Python 通过 0b 这样的开头来甄别二进制数。

还有八进制数值，它需要 8 个字符来表示，分别是 0，1，2，3，4，5，6，7。八进制数值使用 0o 来标识，Python 会认定以此开头的数值为八进制数值。

最后说一下十六进制数值，它使用 16 个字符表示，分别是 0，1，2，3，4，5，6，7，8，9，a，b，c，d，e，f。在 Python 中，十六进制数值使用 0x 标识，Python 会认定以此开头的数据为十六进制数值。

读者可以尝试按如下方式输入数值并输出，学习不同进制的数值输入和

输出的方式。

```
In [5]: d=125
In [6]: e=0xfa
In [7]: f=0o256
In [8]: g=0b1110110
In [9]: d
Out[9]: 125
In [10]: e
Out[10]: 250
In [11]: f
Out[11]: 174
In [12]: g
Out[12]: 118
```

可以看到在输入时,d 是常用的十进制数,e 是十六进制数,f 是八进制数,而 g 是二进制数。当 Python 输出它们的时候,都会自动转化成十进制数值。例如,在上述输出中,十六进制的 0xfa 转换成了十进制的 250。

2. 布尔型数值

布尔型数值包括 True 和 False 两种取值,它经常用来表示结果是正确 (True) 还是错误 (False) 。Python 用 bool 来表示布尔型数值。

布尔型数值在 Python 中可以直接输入,注意首字母要大写。例如:

```
In [13]: a=False
In [14]: b=True
In [15]: type(a)
Out[15]: bool
In [16]: type(b)
```

```
Out[16]: bool
```

上例中，a 和 b 都是布尔型变量。在 Python 中经常需要表示某些判断结果是正确的还是错误的，这时返回的结果就是布尔型数值。例如：

```
In [17]: c=3
In [18]: d=5
In [19]: c>d
Out[19]: False
In [20]: c<d
Out[20]: True
```

上面的例子中，Python 判断出 c>d 是错的，而 c<d 是对的，并采用了布尔型数值表示判断结果。

3. 字符串

在 Python 中，字符串用单引号、双引号或者三引号来说明这是字符串类型的数据。不同的说明方式都有各自的方便之处，为避免内容过于烦琐，这里不介绍深入的细节，但需要注意，不能使用中文输入法下的引号（全角字符）来说明字符串。

可以简单地将字符串理解为文字，可以是中文字符，也可以是英文或者任何其他语言的字符。为了应对字符的多样性，国际标准化组织制定了各种字符集用来表示常用字符。当前使用最广泛的字符集是 Unicode 字符集，它采用 16 位的二进制数表示不同的字符，所以一共能够表示大约 65 536（2^{16}）个字符，这已经能够涵盖地球上大部分语言所用的基础字符了。Python 用 str 表示字符串类型。请通过如下命令体会字符串的输入与输出。

```
In [21]: a="人工智能很有趣 "

In [22]: b='Artificial Intelligence is interesting'

In [23]: a

Out[23]: '人工智能很有趣 '

In [24]: b

Out[24]: 'Artificial Intelligence is interesting'
```

4. 空值

Python 中还有一种特殊的数值类型，叫作空值。空值用 None 表示。设置空值的原因在于，Python 作为强大的数据处理工具，处理各种数据集合是家常便饭，在这个过程中难免会遇到空的数据（如某些数据缺失）。有了 None 的表示方法，Python 就不需要再针对这些空数据做特别的处理，直接标为空值就可以了。

第四节　变量与运算符

这一节将介绍变量的概念以及常用的运算符。

1. 变量

在 Python 中，对一个名称（如 a）指定一个数值后，a 就是变量名，它自身就是一个变量（严格地说，a 到数值的对应关系称为变量）。变量这个名称表达的含义是说它可以动态改变。重要的是，Python 把所有的数据都看作对象，而变量是指向对象的。

关于变量名有一点需要说明。Python 并不严格规定变量起名的方式，给变量起名看似是一件不太重要的事情，但是养成一个良好的起变量名的习惯对于程序的易读性和团队合作却是非常重要的。起变量名时应该尽量使用通俗易懂、符合多数人习惯的方式。试想一下，写一个包含数千行代码的程序，拿给别人看，甚至自己过一段时间以后重新读，里面出现的变量名所代表的含义如果完全没有规律可循，再想读懂程序就变成了一件几乎不可能的事情！

有如下一些在实践中总结出来的基本原则可以作为变量起名的参考方法。

变量名可以包括字母、数字和下划线；

变量名第一个字符必须是字母或者下划线，但不能是数字；

变量名区分大小写；

双下划线开头的标识符具有特殊的含义，不要随意使用；

可以用下划线来区分不同级别的含义，例如，Wang_lesson_math，表示王同学所学的课程中的数学课。

最后，常量是 Python 中不改变的量。在自然界中有许多量是不变的，如圆周率等。在 Python 中需要对常量赋值，一般习惯用全部字母大写的"变量"来表示常量。

2. 运算符

Python 的运算符包括算术运算符、关系运算符、逻辑运算符、赋值运算符、位运算符、成员运算符和身份运算符这七大类。运算符一般用在表达式中。表达式是指将不同类型的数据（常量、变量、函数等）使用运算符按照一定规则连接起来的式子。下面给出几种常见的运算符。

(1) 算术运算符

算术运算符包括四则运算符、求模运算符和幂运算符，如表 2-1 所示。

表 2-1　算术运算符

运算符	表达式	说明
+	a+b	加法运算
−	a−b	减法运算
*	a*b	乘法运算
/	a/b	除法运算
%	a%b	求模运算
**	a**b	a 的 b 次方
//	a//b	两数相除向下取整

Python 中的除法（Python 3.X）默认进行浮点数计算，即 x/y 返回的结果是浮点数；

% 为取模运算，x%y 的结果是 x 除以 y 的余数；

// 为取整运算，也就是说，如果取两个整数相除后的整数部分（不是四舍五入），就可以使用 //。

请尝试如下示例来熟悉运算符的操作。

```
>>> a = 5
>>> b = 2
>>> a + b
7
>>> a - b
3
>>> a * b
10
>>> a / b
2.5
>>> a % b
1
>>> a ** b
25
>>> a // b
2
```

(2) 关系运算符

关系运算符是将两个对象进行比较时需要使用的一种运算符号，如表 2-2 所示。

表 2-2　关系运算符

运算符	表达式	说明
==	a==b	等于，比较对象是否相等
!=	a!=b	不等于，比较两个对象是否不相等
>	a>b	大于，比较 a 是否大于 b
<	a<b	小于，比较 a 是否小于 b
>=	a>=b	大于或等于，比较 a 是否大于或者等于 b
<=	a<=b	小于或等于，比较 a 是否小于或者等于 b

通过以下几个示例，就可以很容易学会这种运算的规则了。

```
>>> a = 3
>>> b = 4
>>> c = 4
>>> a == b
False
>>> a != b
True
>>> a > b
False
>>> a < b
True
>>> a >= b
False
>>> a <= b
True
```

（3）逻辑运算符

Python 中使用的逻辑运算符，如表 2-3 所示。

表 2-3　逻辑运算符

运算符	表达式	说明
and	a and b	逻辑与，当 a 为 True 时才计算 b
or	a or b	逻辑或，当 a 为 False 时才计算 b
not	not a	逻辑非

以下是使用逻辑运算符的示例。

```
>>> a = 4
>>> b = 2
>>> c = 0
>>> a > b and b < c
False
>>> a > b and b > c
True
>>> a > b or b < c
True
>>> not a > b
False
>>> not a < b
True
```

（4）赋值运算符

赋值运算符如表 2-4 所示。

表 2-4　赋值运算符

运算符	表达式	说明
=	c = a + b	简单赋值运算符，将 a + b 的运算结果赋值给 c
+=	c += a	加法赋值运算符，等效于 c = c + a
-=	c -= a	减法赋值运算符，等效于 c = c - a
*=	c *= a	乘法赋值运算符，等效于 c = c * a
/=	c /= a	除法赋值运算符，等效于 c = c / a
%=	c %= a	取模赋值运算符，等效于 c = c % a
**=	c **= a	幂赋值运算符，等效于 c = c ** a
//=	c //= a	取整除赋值运算符，等效于 c = c // a

以下是使用赋值运算符的示例。

```
>>> a = 1
>>> a
1
>>> b,c = 2,3
>>> b
2
>>> c
3
>>> a = 5
>>> a += 2
>>> a
7
>>> a -= 1
>>> a
6
>>> a *= 2
```

```
>>> a
12
>>> a /= 6
>>> a
2.0
>>> b = 3
>>> b %= 2
>>> b
1
>>> c = 2
>>> c ** = 2
>>> c
4
>>> d = 5
>>> d //= 2
>>> d
2
```

第五节 函 数

熟练运用函数是使用 Python 进行编程的重要技能。在开发程序时，如果某部分代码所实现的功能需要被多次使用，为了提高编写的效率以及代码的简洁性，就可以把具有独立功能的代码组织为一个小模块，这就是函数。在使用这个功能时，只需要通过函数名（加参数）来调用它就可以了。

1. 定义函数

函数按如下方式定义。

```
def 函数名（参数）：
        描述函数功能的代码
        另一行描述函数功能的代码
```

注意函数名称由字母、下划线和数字组成，且数字不能用在开头。Python 推荐函数名称使用小写字母，可以用下划线分隔单词以增加名称的可读性。

这里有一个重要的提示。在定义函数时描述函数功能的代码需要缩进四个空格，这在 Python 中是一个固定的模式，即所有同一层次的语句必须包含相同的缩进空格数量。例如，上述两行描述函数功能的语句属于同一层次，所以都要缩进四个空格。对于熟悉其他编程语言的人来说，这是尤其需要注意的一个不同之处。在 Python 中，缩进包含了严格的语法规则和逻辑性，缩进错误会导致代码执行错误。在其他代码块中，例如，一个循环语句，同样要坚持这样的缩进方式，如果有代码块的嵌套，则需要在上一个层次缩进的基础上进一步再缩进四个空格，读者可以在学习本教材后续的应用案例的过程中慢慢熟悉这样的代码书写方式。使用 Spyder 编写代码时，编辑器会自动根据 Python 的语法规则进行缩进，所以很多时候不需手动缩进，但这不是万无一失的。请阅读下述代码，熟悉 Python 的这种表述方式。

```python
if True:
    print("Hello Python!")
else:
    print("Hello World!")
```

上述缩进也可采用按一次"Tab"键完成。在"编程界"一直存在"空格派"和"Tab 派"两个派别，他们对于采用什么按键进行缩进各执一词，但是初学者不需要过度关注这样的细节问题，只要知道两种缩进方式都是可以使用的就可以了。

2. 调用函数

函数定义完成之后，相当于有了一个具有某些功能的代码组合，想要使用这个功能的时候就可以很方便地调用它了。调用函数的方式很简单，使用命令："函数名（参数）"即可完成调用。

请尝试下面的示例来熟悉这种操作。

```python
# 定义一个函数，能够完成打印信息的功能
def print_info():
    print('-----------------------------------')
    print( '人生苦短，我用 Python')
    print( '-----------------------------------')
```

```
# 定义完函数后，函数是不会自动执行的，需要调用它才可以
# 调用函数
print_info()
```

在上面的练习中，出现了一个编写代码时常用的方法，就是通过"# 注释内容"来对代码所实现的功能进行注释。"#"之后的内容，Python 认为是关于代码含义的注释内容，在执行的过程中会被自动忽略。养成良好的注释习惯，对于编写程序是一个很重要的事情，因为这会极大地增加程序的可读性。

3. 函数参数

考虑这样一个问题：定义一个函数，使得每次输入两个数后，这个函数能够完成这两个数的加法运算并且把结果打印出来，该怎样设计？

一个好的设计方式是利用函数的参数。为了让函数更通用，即令它可以计算任意给定的两个数的和，需要在定义函数的时候，让它能够接收需要求和的两个数的值，函数中用来接收这两个数的量就是函数的参数。定义好带有参数的函数后，在调用时就可以使用这些参数了，请看下面的例子。

(1) 定义带有参数的函数

下面的例子中定义了包含两个参数的函数。

```
# 定义函数
def add_2_num(a,b):
    c = a + b
    print('%d + %d = %d'%(a,b,c))
```

调用函数：

```
num1 = int(input(' 请输入一个数：'))
```

```
num2 = int(input('请再输入一个数：'))
add_2_num(num1,num2)
```

输出结果：

```
请输入一个数：1
请再输入一个数：2
1 + 2 = 3
```

在上述例子中，出现了"%"这样的符号，它在 Python 中叫作占位符，用于字符串格式化。在这里，它的含义是，当得到"a，b，c"的值之后，在相应的位置把数值显示出来。Python 中还有其他处理占位符的方式，可以通过实践进行探索。"input( )"是 Python 中可以直接使用的函数，它用来接收一个输入数据，在 3.X 版本中返回的是字符串类型的数据，所以使用"int"把它转换成整数型数值后再进行计算。

(2) 调用带有参数的函数

```
def add_2_num(a,b):
    c = a + b
    print(c)
add_2_num(100,200)  # 调用带有参数的函数时，需要在小括号中传递数据
```

定义函数时，小括号中的参数是用来接收参数的，被称为"形参"；调用函数时，小括号中的数是用来传递参数值给函数的，被称为"实参"。在（1）中，除了定义函数，也实现了对带有参数的函数的调用，通过输入num1 和 num2 的值，并且在调用时把这个值传递给函数的参数，函数就可以执行并输出结果了。

(3) 缺省参数

在定义函数时可以设定缺省参数。当调用函数时，如果缺省参数的值没有通过调用传递给函数，则相应的参数值就被取为默认值。如下例所示，其中"age"是缺省参数，如果 age 没有被赋值，则会打印它的默认值（18）；如果对它进行赋值，则会按给定的值打印结果。

```python
def print_info(name,age=18):
    # 打印任何传入的字符串
    print("name:%s"%name)
    print("age:%d"%age)


# 调用 printinfo 函数
print_info(name=" 花花 ")
print_info(age=20,name=" 花花 ")
```

打印结果：

```
name: 花花
age:18
name: 花花
age:20
```

设定缺省参数的时候需要注意，带有默认值的参数一定要位于函数所有参数的最后。

4. 函数返回值

(1) 返回值

所谓返回值，就是程序中函数完成它应该做的事情后，给予调用者的结果。例如，定义了一个函数用于获取室内温度，当该函数完成获取室内温度的任务后，只有返回这个温度，调用者才能使用这个返回值做后续的工作。

(2) 带有返回值的参数

想要在函数中把结果返回给调用者，需要在函数中使用"return"语句。可以参考下面的示例，这个函数会把"c"作为返回值。

```
def add_2_nums(a,b):
    c = a+b
    return c
```

(3) 保存函数返回值

当函数返回一个数据后，如果接下来想反复使用这个数据，就需要以某种方式把它保存下来，保存函数返回值的示例如下。

```
# 定义函数
def add_2_nums(a,b):
    return a+b

# 调用函数，并保存函数的返回值
result=add_2_num(1,2)
# 因为 result 已经保存了 add_2_num 的返回值，所以下面可以直接使用它
print(result)
```

该例输出结果是：

```
3
```

第六节 模 块

1. 模块简介

在程序开发过程中，随着代码长度的增加，代码维护的难度也会越来越大。为了编写更易维护的代码，可以把代码按功能分组，分别放在不同的文件里。可以简单地认为，在 Python 中，一个 .py 文件就是一个模块（Module）。

这种做法的好处在于，每个文件包含的代码相对较少，所实现的功能也相对简单。这种组织代码的方式并不是 Python 特有的，很多编程语言都会采用这种方法。例如，C 语言中的头文件以及 Java 中的包就是与此类似的概念。

本节就来了解一下 Python 中模块的使用方法。通俗地说，模块可能包含了很多函数，就像是一个工具包，模块中的函数就像各种工具，同一模块中的工具一般可以协同工作或者具有一定的相似性。想使用这个工具包中的工具时，需要导入这个模块。例如，在 Python 中想使用开平方的函数 sqrt，就必须通过导入 math 模块来实现这个功能。math 模块中并不仅仅只包含开平方这个功能，很多与数学运算有关的功能都可以通过导入这个模块来实现。

2. import

在 Python 中使用关键字 import 来导入某个模块。例如，要使用模块

math，需要在程序开始的地方用 import math 来导入。当执行程序时，如果解释器遇到 import 语句，而相应模块又位于当前的搜索路径，此模块就可以被成功导入。导入模块的示例如下。

第一步，把如下代码使用名称"sendmsg.py"保存下来，相当于创建了一个 sendmsg 模块。

```python
# 把代码保存成 .py 文件，作为一个模块
def test1( ):
    print('---sendmsg——test1')


def test2( ):
    print('---sendmsg——test2--')
```

第二步，在新文件 (test.py) 中使用 import 导入该模块。

```python
# 导入模块
import sendmsg

# 使用模块
sendmsg.test1( )
sendmsg.test2( )
```

调用后输出的结果是：

```
---sendmsg--test1
---sendmsg--test2--
```

当导入某个模块后，该模块中包含的功能就可以使用了，使用其中某个函数的功能时需要按照"模块名 . 函数名"的格式。例如，导入 math 模块

后，就可以使用开平方函数 sqrt 了。请在命令行窗口尝试用如下方式求 9 的
平方根。

```
>>> import math
>>> math.sqrt(9)
```

输出结果为：

```
3.0
```

3. from ... import

也可以通过如下方式直接导入某个模块中的特定函数。导入的语
法如下。

```
from modname import name1[,name2[,... nameN]]
```

也就是说，Python 的 from 语句可以实现从模块中导入一个特定的功能。
例如，在上面的例子中，如果使用 from…import，就不会把整个 sendmsg
模块导入到当前的命名空间中，而只会将 sendmsg 里的 test1 或者 test2
引入。如果使用 import…，则会把一个模块的所有功能导入到当前的命
名空间。

4. 常见模块简介

Python 有一套非常有用的标准库和扩展库。这些库会随着 Python 解释
器一起安装在电脑中，它们是 Python 的组成部分。作为 Python 已经准备好

的利器，可以通过直接导入使用其功能，从而让编程事半功倍。常用的标准库和扩展库如表 2-5、表 2-6 所示。

表 2-5　常用的标准库

标准库	说明
builtins	内建函数默认加载
os	操作系统接口
sys	Python 自身的运行环境
functools	常用的工具
json	编码和解码 JSON 对象
logging	记录日志、调试
multiprocessing	多进程
threading	多线程
copy	拷贝
time	时间
datetime	日期和时间
calendar	日历
hashlib	加密算法
random	生成随机数
re	字符串正则匹配
socket	标准的 BSD Sockets API
shutil	文件和目录管理
glob	基于文件通配符搜索

表 2-6　常用的扩展库

扩展库	说明
requests	使用的是 urllib3，继承了 urllib2 的所有特性
urllib	基于 http 的高层库
scrapy	爬虫
beautifulsoup4	HTML/XML 的解析器
celery	分布式任务调度模块
redis	缓存
Pillow(PIL)	图像处理
xlsxwriter	仅写 Excel 功能，支持 xlsx
xlwt	仅写 Excel 功能，支持 xls、2013 或更早版 Office
xlrd	仅读 Excel 功能
elasticsearch	全文搜索引擎
pymysql	数据库连接库
mongoengine/pymongo	MongoDB Python 接口
matplotlib	画图
numpy/scipy	科学计算
django/tornado/flask	Web 框架
xmltodict	xml 转 dict
SimpleHTTPServer	简单的 HTTP Server, 不使用 Web 框架
gevent	基于协程的 Python 网络库
fabric	系统管理
pandas	数据处理库
scikit-learn	机器学习库

这些库中的某些模块，是在本教材后续的实践案例中经常需要使用的。在 Python 中，存在模块、库、包三个概念，它们之间有区别也有密切联系，

简单起见，不再深入解释这些概念的差异，可以认为它们都是某些功能的组合体。

　　Python 的学习不是一蹴而就的，虽然它入门很简单，但是要达到熟练使用的程度还需要长时间的学习和实践。学习 Python 最好的方式就是掌握了基本规则之后，在实践项目中逐渐摸索并熟悉它的用法和规律。本教材接下来章节的实践案例中，还会结合具体案例讲解相关的编程知识。

第三章

神奇的决策树：识别毒蘑菇

本章开始学习人工智能领域的一类重要方法——分类方法。首先介绍分类方法的含义和评价指标，然后介绍一种简单的分类方法——决策树。它的原理通俗易懂，但是功能强大，直到现在，决策树以及基于决策树原理改进的各种分类方法仍然活跃在"分类"领域的最前沿。

　　分类是具有一定智力水平的动物在进化过程中普遍掌握的一项技能。例如，非洲草原上的狮子，可以在奔跑的猎物中辨别出其中体弱而不善于奔跑的，优先进行捕杀；天空自由翱翔的鸟儿回巢时可以在空中准确地区分出众多鸟巢中哪个是自己的家；作为万物之灵的人类，分类能力就更加强大，识别不同类的食物、选择不同的衣服、区分性格后和喜欢的人交友、工作中将各种事务分门别类进行处理等都是在进行分类。

　　尝试让计算机学习人类的"分类"能力，使得机器能够对特定数据实现分类，这就是分类问题。人工智能领域的大量问题最后都归结为某种形式的分类问题，所以分类问题是人工智能领域中最重要的一类问题。关于它的研究历史很长，在此过程中，各种基础的分类算法不断改进旧版本的不足，提升分类效率，演化出众多新的算法。本教材将着重介绍其中几种原理简单，但是依然很流行、很有效的基本分类算法。追本溯源，众多分类算法的核心思想其实并不复杂，掌握了其中的基本想法，今后学习基于此演化出的新算法也就不难了。

　　首先以电商客户数据为例，介绍描述分类问题需要的基本概念。

（1）特征属性

　　通常特征属性有很多个，也称为变量或者维度，每个特征属性相当于示例表格中的一列，特征属性的取值称为属性值，属性值可以是具体数字，也可以是描述性的文字。

（2）样本

样本相当于表格中的一行，包含很多属性值。

（3）类别标记

类别标记是对包含属性值的样本进行鉴别后给出的这个样本所属的类别。类别标记在表格中也是一列，表明各个样本属于哪一类。

（4）训练数据

通常分类问题是通过具有类别标记的数据来解决的，这样的数据称为训练数据。在训练数据中除了记录每个样本的属性值，还标明了每个样本所属的类别，训练数据是对未知数据进行分类的数据基础。

（5）分类

利用训练数据构建一个模型，这个模型可以在给出特征属性取值而没有给出类别标记的情况下，自动得到相应样本的类别标记，从而实现分类的目的。

表 3-1

消费频率	平均消费金额	是否接收广告	是否优质客户
低	低	否	否
低	高	是	是
高	中	是	是
中	中	是	是
高	中	是	是
中	高	否	是
中	低	否	否
高	中	否	是
高	低	否	是
低	低	是	否

表 3-1 是某电商平台的用户数据，一共有 10 条。其中有 3 个特征属性，分别为消费频率（消费次数／注册天数）、平均消费金额（总消费金额／消费次数）以及是否接收广告。表格最后一列为类别标记，即客户包括优质客户和非优质客户两类。每一行数据都是一个样本，这 10 个样本构成了用来训练分类模型的训练数据。表 3-1 中，特征属性的取值都是用文字来描述的。例如，第 1 条数据的消费频率取值是"低"。这与我们熟悉的数据也许有些不同，但要习惯这种数据形式，并非只有数字才是数据。

使用这个示例数据进行分类指的就是根据上述训练数据训练分类模型，从而可以根据特征属性的取值对未知类别的客户进行鉴别，把他们分成优质和非优质两类。一般分类问题的类别数量各有不同，分成两类的问题称为二分类问题，类别数量更多的问题称为多分类问题，但二分类问题的算法是多分类问题算法的基础。

分类方法有很多种，也许复杂，也许简单，但是哪一种方法更适用于特定问题？如何评价各种分类方法的好坏？例如，使用上表中的数据可以建立如下所示的一个非常简单的分类模型。

如果消费频率 = 高
则客户类别 = 优质
如果消费频率 = 中或者低
则客户类别 = 非优质

即使通过直观经验来判断，也知道这个模型非常粗糙，并不是一个好的分类模型。那么如何通过量化的方式对模型进行评价呢？下面介绍几种分类模型的评价指标。对于二分类问题，为了给出评价指标的严格定义，首先要根据评价结果建立如表 3-2 所示的表格，这个表格称为混淆矩阵。

表 3-2　混淆矩阵

		预测类别		
		正例	负例	总计
实际类别	正例	TP	FN	P（实际为正）
	负例	FP	TN	N（实际为负）
	总计	P'（预测为正）	N'（预测为负）	P+N=P'+N'

表格中各记号的含义是这样的。把二分类的两个类别分别记为正（positive）和反（negative），分类模型的预测结果也有两种，即对（True）和错（False）。类别和预测结果有以下四种组合方式。

真正例（TP，True Positives）：正类样本（称为正例）被正确预测为正例；

真负例（TN，True Negatives）：负类样本（称为负例）被正确预测为负例；

假正例（FP，False Positives）：负例被错误预测为正例；

假负例（FN，False Negatives）：正例被错误预测为负例。

例如，在客户分类问题中，以优质客户为正，那么如果优质客户被错误预测为非优质客户就是一个假负例。混淆矩阵中的数值之间显然存在如下关系。

TP+FN+FP+TN=P+N=P'+N'=样本总数

建立了混淆矩阵后，就可以使用它来计算一些分类器的评价指标了。

（1）准确率

准确率是最常用的评价指标，指分类正确的样本数占样本总数的比例。即

$$正确率 = \frac{TP+TN}{P+N}$$

通常情况下，当然是正确率越高的分类器，分类性能越好。

(2) 错误率

错误率是对应于准确率的另一个常用指标，指分类错误的样本数占样本总数的比例，显然正确率和错误率的和等于 1，即

$$错误率 = \frac{FP+FN}{P+N} = 1 - 正确率$$

错误率越高的分类器，当然性能越差。

(3) 精度

精度（precision）又叫查准率，表示预测为正例的样本中真正例所占的比例。一般认为查准率越高，模型的性能越好。

$$精度 = \frac{TP}{TP+FP}$$

(4) 灵敏度

灵敏度又叫查全率、召回率（recall）、真正率（TPR），表示所有正例中被正确预测为正例的比例。灵敏度越高，模型性能越好。

$$灵敏度 = \frac{TP}{TP+FN} = \frac{TP}{P}$$

(5) 假正率

假正率表示被错误预测为正例的样本（实际为负例）占所有负例的比例。假正率越高，模型性能越差。

$$假正率 = \frac{FP}{TN+FP}$$

(6) 假负率

假负率表示被错误预测为负例的样本（实际为正例）占所有正例的比例。假负率越高，性能越差。显然它等于 $1-TPR$，即：

$$假负率 = 1-TPR = \frac{FN}{TP+FN}$$

评价一个分类器的好坏，除了上述指标，还需要考虑算法收敛的速度、使用分类器进行预测的速度、对于数据异常的鲁棒性、分类器的扩展性、分类结果的可解释性等，还可以使用 TPR 和 FPR 分别作 x 轴和 y 轴的坐标绘出 ROC 曲线再进行评价，这里不再一一介绍。

在这些评价指标中，正确率当然是很常用、很有效的评价指标，但其他指标在不同问题中同样可以起到重要的评价作用。当两个类别中正负样本数量差距悬殊时，仅使用正确率进行评价就是很糟糕的选择。例如，使用监测数据进行地震预报，发生地震为正，没发生地震为负。假设在所有监测数据中，发生地震的情况只占 1%。如果有一个分类器，使用任意数据进行预测时，都会预测为不发生地震（即所有数据都判定为负例），它的准确率是99%，分类准确率很高，但是这样的模型显然性能非常糟糕，造成的后果也是非常严重的。对于这种正样本很少出现的情况，同时采用精度和灵敏度进行评价会更有效。

还有一点需要说明，一个分类器通常不能使各个评价指标都达到最优，甚至某些指标是互相冲突的，一个变好，而另一个一定会变差。所以需要在各个指标之间进行平衡，并且根据具体问题确定哪些指标更重要，而在设计算法时优先考虑重要的指标。例如，在上述地震预报问题中，精度和灵敏度显然更重要。在设计分类算法时，对训练数据的处理和评价指标的选取是个

复杂的问题，读者可通过实践逐渐掌握其中的技巧。

本节最后，针对客户分类的简单模型计算这些评价指标，以便读者熟悉其计算方式。首先建立该模型对应的混淆矩阵，以优质客户为正，非优质为负，如表3-3所示。

表 3-3

		预测类别		
		正例	负例	总计
实际类别	正例	4（TP）	3（FN）	7
	负例	0（FP）	3（TN）	3
	总计	4	6	10

举例说明一下上述混淆矩阵的具体计算方法。例如，假负例（FN），即判断为非优质，但是其实为优质客户的数量。按照前述模型的分类方式，因为第2，4，6条数据的消费频率不高，所以都会被判断为非优质客户，但是它们其实都属于优质客户，所以FN=3。其他的计算是类似的，请读者自行验证。

有了混淆矩阵，各个指标的计算就很容易了。

$$正确率 = \frac{TP+TN}{P+N} = \frac{4+3}{10} = 70\%$$

$$错误率 = 1 - 正确率 = 30\%$$

$$精度 = \frac{TP}{TP+FP} = \frac{4}{4+0} = 100\%$$

$$灵敏度 = \frac{TP}{TP+FN} = \frac{4}{7}$$

$$假正率 = \frac{FP}{TN+FP} = \frac{0}{3+0} = 0$$

$$假负率 = 1 - 灵敏度 = \frac{3}{7}$$

从评价结果看，虽然这个模型还不够准确，但是也超过了随机指定分类的正确率（50%），它的精度甚至达到了100%。

第二节 决策树的ID3算法

有了关于分类问题的基本认识，本节介绍一种简单的分类算法——决策树。决策的意思就是使用训练数据学习分类的决策依据，从而可以据此对需要分类的数据属于哪一类这样的问题给出决策。决策树是人工智能中的经典算法，既适用于输出结果为连续值的回归问题（又叫回归树），也适用于输出结果为离散值的分类问题，它们的基本想法是一致的，理解了决策树的原理，回归树就很容易掌握了，本节只针对离散值的情形讲解决策树算法。

使用决策树进行分类其实模拟了人类决策的过程。例如，小明想约小红明天去看电影，发生了下述对话过程。

小红：明天有好看的电影吗？

小明：有啊，一部新上映的大片。

小红：看几点的？我只有中午有时间。

小明：正好中午 12 点有一场。

小红：明天天气怎么样？

小明：天气很舒服，不冷不热。

小红：好的，那你明天按时来接我吧。

小明：明天见。

在这个对话中，小红对明天看电影的事情有"看"和"不看"两类安排，做出"看"的决定需要满足如下要求：电影好看、时间合适，并且天气舒服。这个决策的过程可以通过图 3-1 来描述。

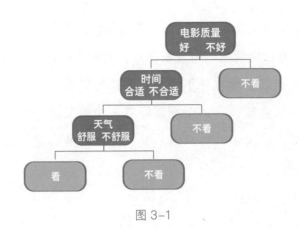

图 3-1

　　上述图示很好地展示了决策树的直观含义。所谓决策树，指的是一个树形结构，其中每个内部节点代表一个特征属性，内部节点的每个分支路径代表了此特征属性的某个可能的属性值，而每个叶子节点代表一个类别。因为每个内部节点都会生长出几个不同的分支，沿分支可以到达其他的内部节点或叶子节点，所以此内部节点对应的特征属性又叫作分裂属性。

　　决策树是一个用于分类的预测模型，也就是说，它给出了每个待分类对象到类别的一种映射关系。使用决策树进行决策的过程就是从根节点开始，测试待分类对象相应的特征属性，按照属性值选择分支路径，直至到达某个叶子节点，将此叶子节点存放的类别作为决策结果。

　　可以结合上面的直观例子理解与决策树相关的概念。所谓树形结构，指的是图 3-1 就像一棵倒置的树。橙色的节点都是内部节点，代表"电影质量""时间""天气"三个特征属性，特别地，"电影质量"叫作根节点。存放决策结果"看"或者"不看"的绿色节点就是叶子节点。有了这个树形结构，根据特征属性的不同取值，沿着决策树的不同路径，就可以做出相应的决策了。

　　在这个直观的例子中，每个特征属性都有两个可能的取值，所以对应两个分支，这样的树叫作二叉树。决策树对特征属性的取值没有个数限制，所以决策过程对应的树形结构可以更复杂。与决策树复杂程度有关的另外一个因素是决策过程中所使用的特征属性的个数，它决定了树的深度。在这个例

子中使用了三个特征属性，所以这是一个三层的决策树。

从这个例子看，决策树的道理很简单，对它进行决策的方式也已经了解得很清楚了。那么读者现在是不是可以完整地针对一个分类问题给出相应的决策树呢？如果尝试一下，会发现还有一个最关键的问题没有解决，就是如何构建一棵决策树。具体地说，关于决策树的构建，需要解决如下两个问题。

(1) 如何选择分裂属性

这个问题可以分解成两个小问题：一是选择哪个特征属性作为根节点？二是某个内部节点之下应该选择哪个特征属性作为下一层分裂属性？

(2) 何时停止树的生长

在决策树生长成什么样子以后，就可以作为最终进行决策时所使用的决策树了？

一个分类问题，通常包含多个特征属性。如果可以随意选择根节点和内部节点，当有 m 个特征属性时，用不同的顺序安排分裂属性，理论上可以生长出 $m!$ 棵不同的决策树。所谓选择分裂属性的问题，其实是制订一个合理的量化标准，根据这个标准来比较不同的生长顺序的优劣，从而选择出最佳的生长顺序作为最终的决策树。

为了量化各种分裂属性选择方案的好坏，需要引入一个新的数学概念——熵（Entropy）。熵的概念是由信息论的创始人香农提出的，现在在很多学科中都有重要的用处。为了更容易理解这个概念，这里结合分类问题来描述它的定义。

设某个分类问题 X 包含 n 个类别 m 个特征属性，任意样本 C 属于第 i 个类别 X_i（$1 \leq i \leq n$）的概率为 p_i，则 $I(X_i) = -\log_2 p_i$ 称为 X_i 的信息（Information），X 的熵定义为

$$H(X) = \sum_{i=1}^{n} p_i I(X_i) = -\sum_{i=1}^{n} p_i \log_2 p_i$$

在分类问题中，如何简单地理解上述定义呢？显然有如下关系。

$$\lim_{p_i \to 0} I(X_i) = +\infty$$

$$\lim_{p_i \to 1} I(X_i) = 0$$

进而可以看出，类别 X_i 的信息是随着概率增加而减少的，也就是说，这个量衡量了 X_i 的不确定性。例如，概率为 1 时，它是注定会出现的，所以信息为 0，不确定性最小；概率为 0 时，信息为 $+\infty$，不确定性最大。

而熵的概念可以结合概率中的全概率公式来理解，它代表了分类问题 X 的不确定性的期望（概率平均值），也就是对类别进行预测时的不确定性，或者说是预测的难度。

有了这样的认识，就可以很自然地给出确定分裂属性的原则：选择当前可以最大程度减少预测的不确定性的属性作为分裂属性。

衡量不确定性的减少程度有几种不同的计算方式，根据计算方式的不同，衍生出了不同的决策树算法。例如，使用信息增益的 ID3 算法，使用信息增益比的 C4.5 算法，还有使用基尼指数的 CART 算法。它们的原理是类似的，本教材介绍采用信息增益的 ID3 算法，其他算法只要把信息增益的计算公式替换成相应的其他计算公式就可以了。

为了定义信息增益，需要在熵的基础上定义条件熵。所谓条件熵，就是在选择某个特征属性作为分裂属性的条件下，进行类别预测的不确定性，这类似于概率与条件概率的区别。设特征属性 A 有 s 个不同的取值，分别记为 A_1，A_2，$\cdots$，A_s，对应的概率记为 p_{A_1}，p_{A_2}，$\cdots$，p_{A_s}，条件熵的定义是

$$H(X \mid A) = \sum_{k=1}^{s} p_{A_k} H(X_{A_k})$$

其中 $H(X_{A_k})$ 表示取值为 A_k 的样本的熵。如果取值为 A_k 的样本属于第 i 个类别的概率为 p_{ki}（即取值为 A_k 的条件下，属于第 i 个类别的条件概率），则

$$H(X_{A_k})=-\sum_{i=1}^{n}p_{ki}\log_2 p_{ki}$$

在条件熵的基础上，就可以按如下方式定义信息增益（Gain）的概念了。

$$Gain(X,A)=H(X)-H(X|A)$$

信息增益还有一个名称叫作互信息，这是信息论中常用的名称。从熵和条件熵的定义可以看出，信息增益反映的是，选择 A 作为分裂属性后，分类问题的不确定性减少了多少。按照前面所说的选择分裂属性的原则，只要计算当前可供选择的所有特征属性对应的信息增益，以信息增益最大的属性作为决策树的下一个分裂属性即可。

对这个基本原则建立了清楚的认识后，使用信息增益就可以给出完整的构造决策树的 ID3 算法了。

第一步，初始化信息增益阈值。

第二步，生成根节点。通过计算分类问题的熵和不同特征属性对应的条件熵，选择信息增益最大并且大于增益阈值的属性作为第一个分裂属性生成根节点，并将该属性从候选属性中去除。

第三步，根据上层节点的不同取值，生成新的训练数据，计算不同的候选属性的信息增益，选择增益最大并且大于增益阈值的属性作为分裂属性生成新的节点，并将该属性从候选属性中去除。

第四步，重复第三步，直至满足终止条件。

该过程会重复使用第三步，这个方法被称为递归方法。现在还剩下一个问题需要说明，即与决策树构建有关的问题：何时停止树的生长？也就是在上述流程的最后一步中，终止条件是什么？常用的终止条件如下所列。

①如果所有属于分裂属性某个取值的训练数据都属于同一类别，则生成此类别的叶子节点并终止程序；

②如果特征属性已经使用完毕，即候选属性为空，则以当前训练数据中出现最多的类别生成叶子节点并终止程序；

③如果所有候选属性的信息增益都小于阈值，则以当前训练数据中出现最多的类别生成叶子节点并终止程序。

下面以上一节的电商消费数据为例，演示决策树 ID3 算法的实现过程，以帮助读者建立直观的认识。在实际操作中，一般以训练数据中相应的频率来代替概率。下面计算中四舍五入后都取两位小数，并且规定 $0 \times \log_2 0 = 1 \times \log_2 1 = 0$。

（1）设定信息增益阈值

信息增益阈值设为 0.03，认为小于这个阈值的增益对于改善分类的不确定性已经没有意义。

（2）生成根节点

此问题包含两个类别、三个特征属性（$n=2$，$m=3$）。训练数据中第一类（非优质客户）出现的频率是 $\frac{3}{10}$，第二类出现的频率是 $\frac{7}{10}$，所以

$$H(X) = -\{0.3 \times \log_2(0.3) + 0.7 \times \log_2(0.7)\} = 0.88$$

消费频率 F 的条件熵为

$$H(X|F) = -\{0.3 \times [\frac{2}{3}\log_2(\frac{2}{3}) + \frac{1}{3}\log_2(\frac{1}{3})]$$
$$+ 0.3 \times [\frac{1}{3}\log_2(\frac{1}{3}) + \frac{2}{3}\log_2(\frac{2}{3})]$$
$$+ 0.4 \times [\frac{0}{4}\log_2(\frac{0}{4}) + \frac{4}{4}\log_2(\frac{4}{4})]\}$$
$$= 0.55$$

上述计算中类别按照非优质、优质的顺序，属性按照低、中、高的顺序进行。类似地，可以算出平均消费金额 N 与是否接受广告 A 的条件熵为

$$H(X \mid N) = 0.33$$
$$H(X \mid A) = 0.85$$

所以三个特征属性对应的信息增益分别为

$$Gain(X, F) = 0.88 - 0.55 = 0.33$$
$$Gain(X, N) = 0.88 - 0.33 = 0.55$$
$$Gain(X, A) = 0.88 - 0.85 = 0.03$$

平均消费金额 N 对应的信息增益最大，所以选它作为根节点，从候选属性中删除 N。按照不同的属性取值生成三个分支，可以看到 N 的值为"中"或"高"的所有训练数据类别都是"优质客户"，按照终止条件，这两个分支生成叶子节点"优质客户"；N 的值为"低"的训练数据同时包含两种类别，需要使用其他属性继续分裂。此时生成的树形结构如图 3-2 所示。

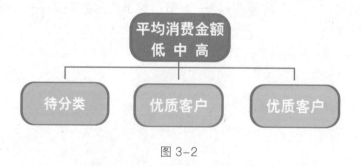

图 3-2

(3) 继续计算信息增益进行分裂

此时注意候选属性只有消费频率和是否接受广告。因为在平均消费金额为"低"的分支进行分裂，所以此时的训练数据只包含原表格中平均消费金

额取值为"低"的数据，如表 3-4 所示。

表 3-4

消费频率	平均消费金额	是否接收广告	是否优质客户
低	低	否	否
中	低	否	否
高	低	否	是
低	低	是	否

类似于第二步，在此训练数据下，计算可得 X 的熵为 0.81，消费频率的条件熵为 0，是否接受广告的条件熵为 0.79，这两个特征属性对应的信息增益分别是 0.81 和 0.02，所以选择消费频率作为第二层的分裂属性。注意到此时消费频率的三个取值对应的样本都只属于一个类别。例如，消费频率为"低"一定属于"非优质客户"，所以满足程序终止的条件，生成叶子节点后即可得到最终的决策树，树形结构如图 3-3 所示。

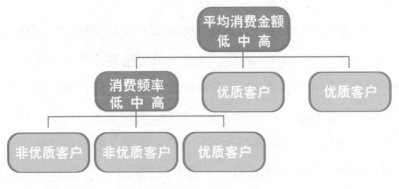

图 3-3

通过训练数据生成上述决策树后，就可以使用决策树进行未知类别数据的分类了。例如，某个客户消费频率"低"，平均消费金额"低"，不接受广告，则此决策树将把它归入"非优质客户"的类别。读者也可以尝试把训

练数据输入决策树，此时会发现决策树对训练数据的分类是完全正确的。

值得一提的是，决策树是人工智能发展过程中出现较早的基本分类方法，但它并不过时，在很多问题中仍然发挥着重要作用。它具有区别于其他分类算法的显著优点——分类过程和结果都具有高度的描述性和可读性。它构建方法简单，在构造过程中不需要任何领域的知识或参数设置，一次构建后可以反复使用，非常适用于探测式的知识发现，而且构建完成后分类效率高，每一次预测分类的计算次数都不超过决策树的深度。它还有一个重要性质——互斥并且完备，即每一个分类实例都被且仅被一条路径规则覆盖。它的分类准确率也是有保障的，数学上可以证明决策树方法的误差可以任意小。

当然，决策树也有缺点。例如，它比较难以处理连续取值的特征属性。此外，由于其最底层叶子节点是通过上层节点中的单一规则生成的，所以通过手动修改样本的特征属性比较容易欺骗分类器。比如，使用决策树的垃圾邮件识别系统，用户可以通过修改某一关键特征骗过识别系统。另外，采用递归的方式生成决策树，随着数据规模的增大，计算量以及内存消耗会变得越来越大。

决策树依然在不断发展，以改进决策树算法的某些缺点。例如，使用信息增益比生成决策树的 C4.5 算法、集成学习的重要算法随机森林等、基于决策树但使用“进化”思想的 XGBoost 方法等，它们在互联网、金融、交通等领域都有广泛应用。在深度学习成为人工智能主流方法的背景下，现在研究人员甚至还利用决策树来帮助理解“深度学习”的内在机制。

最后，关于决策树算法还有一点是需要说明的。本节利用电商客户数据建立的决策树，对训练数据可以做出完全正确的分类，这在某种程度上反映了决策树算法的一个问题——过拟合。人工智能的各类方法中过拟合是一个普遍需要注意的现象。具体地，对决策树算法来说，完全训练的决策树（未剪枝，未合理限制信息增益阈值）能够 100% 准确地对训练样本进行分类，但是对训练样本以外的数据，其分类效果可能会不理想甚至很差，这就是过拟合。解决决策树的过拟合问题，一种方法是通过设置合理的信息增益阈值作为终止条件，这被称为关键值剪枝（Critical Value Pruning）策略。剪枝是一种重要的提升决策树性能的方法，也就是剪去生成的决策树中造成过拟合的分叉。常用的剪枝策略还有悲观错误剪枝（Pessimistic Error Pruning）、最小误差剪枝（Minimum Error Pruning）、代价复杂剪枝（Cost-Complexity Pruning）、基于错误的剪枝（Error-Based Pruning）等。读者今后可以通过实践学习不同的剪枝策略。

第三节　识别毒蘑菇

Python 的 scikit-learn（简称 sklearn）模块可以非常好地支持决策树分类，尽管它使用的是更加复杂的决策树算法，但依然是在上一节讲述的原理基础上的优化算法。本节将使用 scikit-learn 的决策树分类来识别"蘑菇数据"中的毒蘑菇。

首先介绍本案例使用的数据。原始数据来源于加州大学欧文分校用于机器学习的数据库（UCI 数据库），本书使用的是经过必要处理的数据，此数据可从教材资源平台下载。

接下来在命令行界面安装 scikit-learn。

```
pip install -u scikit-learn
```

安装 scikit-learn 之前需要确保模块 numpy 和 scipy 已经安装，否则可以使用 pip install 安装。

```
pip install -u numpy
pip install -u scipy
```

进入 Python 之后，使用如下命令调用 scikit-learn 的决策树方法。

```
from sklearn import tree
```

模块 scikit-learn 的决策树是基于 DecisionTreeClassifier 对象，它能够解决二分类问题（如蘑菇是否可食用），也可以解决多分类问题。在使用中，对输入训练数据的维度要求如下。

输入 X：样本数量 × 特征属性数量；

输入 Y：样本类别标签，与 X 要一一对应。

下面先用一个简单的例子来熟悉使用方法。对四个点 $X=[[0,0]$, $[0,1],[1,0],[1,1]]$ 使用决策树进行分类，四个点分别属于两个类别 0 和 1，它们对应的类别标签是 $Y=[0,0,1,1]$。这可以通过如下简单代码实现。

```
In [1]: from sklearn import tree
        X = [[0,0],[0,1],[1,0],[1,1]]
        Y = [0,0,1,1]
        clf = tree.DecisionTreeClassifier()
        clf = clf.fit(X,Y)
```

clf 命令用来构造决策树，通过 clf.fit(X, Y) 实现了决策树的构建，此时 clf 已经是能够进行分类的决策树了，可以用它来进行新数据的分类。例如，输出 [[0.3, 0], [0.8, 1], [1.2, 1]] 的类别，代码如下。

```
In [2]: test=[[0.3,0],[0.8,1],[1.2,1]]
In [3]: clf.predict(test)
Out[3]: array([0,1,1])
```

通过上述输出可以看到决策树给出的分类结果是 [0.3, 0] 类别为 0；[0.8, 1] 类别为 1；[1.2, 1] 类别为 1。读者可以在平面直角坐标系上画出这些点，看看分类是否合理。

读者还可以尝试下列与决策树相关的函数，看看它们具有什么功能。

```
In [4]: dir(clf)
Out[4]:
[······
'apply',
'class_weight',
'classes_',
'criterion',
'decision_path',
'feature_importances_',
'fit',
'fit_transform',
'get_params',
'max_depth',
'max_features',
'max_features_;,
'max_leaf_nodes',
'min_impurity_split',
'min_samples_leaf',
'min_samples_split',
'min_weight_fraction_leaf',
'n_classes_',
'n_features_',
'n_outputs_',
'predict',
'predict_log_proba',
'predict_proba',
'presort',
'random_state',
'score',
'set_params',
'splitter',
```

```
'transform',

'tree_']
```

下面开始进行蘑菇分类。本书提供的蘑菇数据如表 3–5 所示，包含样本编号和特征属性，其中第一行是类别标记及属性名称，第一列为样本编号。

表 3-5

样本编号	标记	属性1	属性2	属性3	属性4	属性5	属性6	属性7	属性8	属性9	属性1	属性11	属性	属性	属性	属性	属性	属性	属性	属性	属性	属性22
1	p	x	s	n	t	p	f	c	n	k	e	e	s	s	w	w	p	w	o	p	k	s	u
2	e	x	s	y	t	a	f	c	b	k	e	c	s	s	w	w	p	w	o	p	n	n	g
3	e	b	s	w	t	l	f	c	b	n	e	c	s	s	w	w	p	w	o	p	n	n	m
4	p	x	y	w	t	p	f	c	n	n	e	e	s	s	w	w	p	w	o	p	k	s	u
5	e	x	s	g	f	n	f	w	b	k	t	e	s	s	w	w	p	w	o	e	n	a	g
6	e	x	y	y	t	a	f	c	b	n	e	c	s	s	w	w	p	w	o	p	k	n	m
7	e	b	s	w	t	a	f	c	b	g	e	c	s	s	w	w	p	w	o	p	k	n	m
8	e	b	y	w	t	l	f	c	b	n	e	c	s	s	w	w	p	w	o	p	n	s	m
9	e	x	y	w	t	a	f	c	b	g	e	c	s	s	w	w	p	w	o	p	k	s	m
10	e	x	y	y	t	l	f	c	b	n	e	c	s	s	w	w	p	w	o	p	n	n	g
11	e	x	y	y	t	a	f	c	b	n	e	c	s	s	w	w	p	w	o	p	k	s	m
12	e	b	s	y	t	a	f	c	b	w	e	c	s	s	w	w	p	w	o	p	n	s	g
13	p	x	y	w	t	p	f	c	n	k	e	e	s	s	w	w	p	w	o	p	n	v	u

该表共包含 8 123 条数据，特征属性共有 22 个，这些属性及其对应的取值含义如下所示。

类别标记：

毒蘑菇, poisonous, p

可食用, edible, e

特征属性及取值

1. cap-shape: bell=b,conical=c,convex=x,flat=f,knobbed=k,sunken=s

2. cap-surface: fibrous=f,grooves=g,scaly=y,smooth=s

3. cap-color:brown=n,buff=b,cinnamon=c,gray=g,green=r,pink=p,purple=u,red=e,white=w,yellow=y

4. bruises: bruises=t,no=f

5. odor: almond=a,anise=l,creosote=c,fishy=y,foul=f,musty=m,none=n,pungent=p,spicy=s

6. gill-attachment: attached=a,descending=d,free=f,notched=n

7. gill-spacing: close=c,crowded=w,distant=d

8. gill-size: broad=b,narrow=n

9. gill-color:black=k,brown=n,buff=b,chocolate=h,gray=g,green=r,orange=o,pink=p,purple=u,red=e,white=w,yellow=y

10. stalk-shape: enlarging=e,tapering=t

11. stalk-root: bulbous=b,club=c,cup=u,equal=e,rhizomorphs=z,rooted=r,missing=?

12. stalk-surface-above-ring: fibrous=f,scaly=y,silky=k,smooth=s

13. stalk-surface-below-ring: fibrous=f,scaly=y,silky=k,smooth=s

14. stalk-color-above-ring:brown=n,buff=b,cinnamon=c,gray=g,orange=o,pink=p,red=e,white=w,yellow=y

15. stalk-color-below-ring:brown=n,buff=b,cinnamon=c,gray=g,orange=o,pink=p,red=e,white=w,yellow=y

16. veil-type: partial=p,universal=u

17. veil-color: brown=n,orange=o,white=w,yellow=y

18. ring-number: none=n,one=o,two=t

19. ring-type: cobwebby=c,evanescent=e,flaring=f,large=l,none=n,pendant=p,sheathing=s,zone=z

20. spore-print-color:black=k,brown=n,buff=b,chocolate=h,green=r,orange=o,purple=u,white=w,yellow=y

21. population: abundant=a,clustered=c,numerous=n,scattered=s,several=v,solitary=y

22. habitat: grasses=g,leaves=l,meadows=m,paths=p,urban=u,waste=w,woods=d

　　首先使用 pandas 读取数据，这是一个强大的数据处理工具。通过显示数据形状可以看到共有 8 124 行、24 列。


```
In [5]: import pandas as pd
        import numpy as np
```

```
In [6]: data=pd.read_excel('mushroom.xlsx',header=0)
In [7]: data.shape
Out[7]: (8124,24)
```

使用如下命令观察前 5 行数据。

```
In [8]: data.head(5)
Out[8]:
样本编号标记属性 1 属性 2 属性 3 属性 4 属性 5 属性 6 属性 7 属性 8 ...
属性 13 属性 14 属性 15 属性 16 属性 17 属性 18 \
0 1.0 p x s n t p f c n ... s w w p w o
1 2.0 e x s y t a f c b ... s w w p w o
2 3.0 e b s w t l f c b ... s w w p w o
3 4.0 p x y w t p f c n ... s w w p w o
4 5.0 e x s g f n f w b ... s w w p w o
属性 19 属性 20 属性 21 属性 22
0 p k s u
1 p n n g
2 p n n m
3 p k s u
4 e n a g
[5 rows x 24 columns]
```

进行数据拆分，获得输入数据 X 和对应的类别标记 Y，这个过程是为了准备训练数据。用以下代码获取类别标记。

```
In [9]: label=data[' 标记 ']
# 读取标记列
In [10]: label=np.array(label)
# 转化成数组，这是 Python 最常使用的数据格式
```

```
In [11]: label.shape
Out[11]: (8124,)
```
获得标记的个数。实际标记是 8123 个，需要剔除最后一个 ' ' 标记
```
In [12]: label=label[0:-1]
```
获得 8123 个标记

因为用来表示类别的"e"和"p"是英文字母，所以需要转化成 1 和 0
以便计算机使用，其中 1 表示可食用，0 表示有毒。使用以下代码完成转化，
这是一个循环程序。

```
In [13]: for i in range(0,8123):
            if label[i]=='e':
                label[i]=1
            else:
                label[i]=0
```

接下来就可以设置 Y 数据了。

```
In [14]: Y=label
In [15]: Y=Y.astype(Y)
```

接下来处理训练样本。

```
In [16]: data=data.drop(['样本编号','标记'],axis=1)
```
训练样本需要将两列去掉（样本编号和标记）
```
In [17]: data.shape
Out[17]: (8124,22)
```
训练样本的行列数量
```
In [18]: newdata=np.array(data)
In [19]: newdata=newdata[0:-1,:]
```

```
# 去掉最后一行
In [20]: newdata.shape
Out[20]: (8123,22)
# 新的数据
```

特征属性的值同样是用字符表示的，而 Python 的决策树需要对数值进行处理。所以接下来使用下面的编码将字符直接转化成 ASCII 编码的整数。表 3-6 中的最后一列是通常的字符，前两列分别是这个字符的十进制编码和十六进制编码。

表 3-6

032	20		056	38	8	080	50	P	104	68	h
033	21	!	057	39	9	081	51	Q	105	69	i
034	22	"	058	3A	:	082	52	R	106	6A	j
035	23	#	059	3B	;	083	53	S	107	6B	k
036	24	$	060	3C	<	084	54	T	108	6C	l
037	25	%	061	3D	=	085	55	U	109	6D	m
038	26	&	062	3E	>	086	56	V	110	6E	n
039	27	'	063	3F	?	087	57	W	111	6F	o
040	28	(	064	40	@	088	58	X	112	70	p
041	29	)	065	41	A	089	59	Y	113	71	q
042	2A	*	066	42	B	090	5A	Z	114	72	r
043	2B	+	067	43	C	091	5B	[	115	73	s
044	2C	,	068	44	D	092	5C	\	116	74	t
045	2D	-	069	45	E	093	5D	]	117	75	u
046	2E	.	070	46	F	094	5E	^	118	76	v
047	2F	/	071	47	G	095	5F	_	119	77	w
048	30	0	072	48	H	096	60	`	120	78	x
049	31	1	073	49	I	097	61	a	121	79	y
050	32	2	074	4A	J	098	62	b	122	7A	z
051	33	3	075	4B	K	099	63	c	123	7B	{
052	34	4	076	4C	L	100	64	d	124	7C		

053	35	5	077	4D	M	101	65	e	125	7D	}
054	36	6	078	4E	N	102	66	f	126	7E	~
055	37	7	079	4F	O	103	67	g	127	7F	DEL

使用下面的代码将字符转化成它对应的整数。如 g 转化为 103，O 转化为 79 等。这是一个循环程序，其中的 ord ( ) 函数负责转化功能。

```
In [21]: for i in range(0,8123):
             for j in range(0,22):
                 newdata[i,j]=ord(newdata[i,j])
```

新的训练数据为

```
In [22]: X=newdata
```

接下来就可以构造决策树并用于分类了，输出的是描述所生成的决策树的参数。

```
In [23]: clf =tree.DecisionTreeClassifier()
In [24]: clf.fit(X,Y)
Out[24]:
   DecisionTreeClassifier(class_weight=None,criterion='gini',
    max_depth=None,
    max_features=None,max_leaf_nodes=None,
    min_impurity_split=1e-07,min_samples_leaf=1,
    min_samples_split=2,min_weight_fraction_leaf=0.0,
    presort=False,random_state=None,splitter='best')
```

使用决策树用于新数据的分类，可以看到对下列 4 个新的蘑菇数据进行分类后，输出结果表明其中有 3 种是可食用的，1 种是有毒的。

```
In [25]: test=np.anay([[…],[…],[…],[…]])
np.anay([[120,115,121,...,110,110,103],
         [98,115,119,...,110,110,109],
         [120,121,119,...,107,115,117],
         [120,115,103,...,110,97,103]])


In [26]: clf.predict(test)
Out[26]: array([1,1,0,1])
```

这个决策树的准确率如何呢？一种简单的方法是使用训练数据中的 X，用决策树获得对应的类别标记，也就是预测分类结果（这里用 Y_predict 表示），然后把它和实际的类别标记 Y 进行比较。scikit-learn 支持这样的比较，使用的方法是 accuracy_score。

```
In [27]:from sklearn.metrics import accuracy_score
In [28]: Y_predict=clf.predict(X)
# 这里使用前面训练好的决策树，输入训练样本的 X，给出对应的 predict
In [29]: accuracy_score(Y,Y_predict)
# 这里利用 accuracy_score 来比较预测值和真实值。
Out[29]: 1.0
```

可以看到这个决策树在训练数据上的准确率是 100%（1.0）。这表明使用上述算法构建的决策树完全捕捉了训练数据的分类信息。这也许是因为训练出的决策树确实具有很好的分类效果，但也有可能并不是真正的分类准确率，而是发生了过拟合现象。

为了更好地评估分类准确率，需要使用与训练数据不同的测试数据。可

以抽取全部数据中的一部分作为训练数据，另一部分作为测试数据，使用抽取出的训练数据来构建决策树，然后使用测试数据评估准确率。这可以通过如下方式来实现。

```
In [30] from sklearn.model_selection import train_test_split
In [31]: X_train,X_test,Y_train,Y_test = train_test_split
                                           (X,Y ,test_size=0.2)
# 这里将全部样本分成两部分，其中训练样本占80%，测试样本占20%，这
# 里采用了随机分割样本的方法，所以读者的输出可能与下面的结果不同
In [32]: newclf= tree.DecisionTreeClassifier()
In [33]: newclf.fit(X_train,Y_train)
# 利用训练数据来构建决策树
Out[33]:
DecisionTreeClassifier(class_weight=None,criterion='gini',
                 max_depth=None,
          max_features=None,max_leaf_nodes=None,
          min_impurity_split=1e-07,min_samples_leaf=1,
          min_samples_split=2,min_weight_fraction_leaf=0.0,
          presort=False,random_state=None,splitter='best')
# 返回新的决策树的参数
In [34]: Y_predict=newclf.predict(X_test)
# 注意，这里是将新训练的决策树用在测试样本的 X 上，并预测出对应 Y
In [35]: accuracy_score(Y_test,Y_predict)
Out[35]: 1.0
```

可以看到在测试集上的准确率仍然是100%，这说明这个分类器确实具有很高的准确率。因为测试数据和训练数据是采用随机划分的方式获得的，读者最后获得的输出结果可能会与此不同。

从上述内容可以看出，决策树实现起来简单并且效果很好。本书采用最

简单的形式实现这个算法，scikit-learn 的决策树有很多参数可以调整，读者可以尝试调整决策树的参数，观察分类性能会发生什么改变。

第四章

朴素贝叶斯：患病预测

贝叶斯方法是另一种常用的分类方法，它基于概率中重要而基础的贝叶斯公式。本章通过简单的实例讲解使用贝叶斯公式进行分类的朴素贝叶斯分类算法，并以皮马印第安人糖尿病数据为实例，使用朴素贝叶斯分类实现糖尿病患病的预测。

第一节　贝叶斯公式

在这一章将介绍另外一种分类算法——朴素贝叶斯分类算法。朴素贝叶斯分类算法的原理同样非常简单，有很多人工智能领域的分类算法都是以此为基础进行改进的，它也是分类问题中的基础算法之一。

贝叶斯分类基于概率中的一个基本公式，叫作贝叶斯公式（又称为贝叶斯定理）。这个公式的名称源于英国的概率统计学家、哲学家和牧师托马斯·贝叶斯（图 4-1），他在一篇名为《论机遇问题的求解》的论文中给出了贝叶斯公式在特殊情形下的描述。他的这个重要结果其实并未在生前发表，而是由他的朋友、哲学家理查德·普莱斯在他去世后从他的笔记中整理并于 1763 年正式发表的。贝

图 4-1　托马斯·贝叶斯

叶斯公式应用广泛，统计学者由此发展出一套系统的统计推理方法，叫作贝叶斯方法。美国《技术评论》在 2003 年还曾把贝叶斯统计技术称为全球九大开拓性新兴科技领域。

为了描述贝叶斯公式，首先需要了解条件概率的概念。设 A 和 B 是两个随机事件，分别用 $P(A)$ 和 $P(B)$ 表示它们发生的概率，并且假设

$P(A)\cdot P(B) \neq 0$（这是为了保证分式中的分母不为零）。用 $P(A|B)$ 和 $P(B|A)$ 分别表示 B 或 A 发生的条件下另外一个随机事件发生的概率。直观的经验表明，$P(A)$ 和条件概率 $P(A|B)$ 通常是不相等的。例如，一个篮球爱好者去打篮球的概率（$P(A)$）与他在预报有雨的条件下去打篮球的条件概率（$P(A|B)$）显然是不同的。

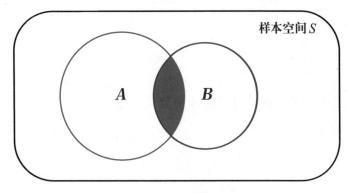

图 4-2　韦恩图

结合上面的韦恩图（图 4-2）可以直观地理解条件概率的含义。设 S 是某个随机试验的样本空间（所有可能出现的结果），A 和 B 两个随机事件所对应的概率可以分别理解为红色的圆形和蓝色圆形占整个样本空间的比例。当考虑 A 发生的条件下 B 发生的概率时，所有可能出现的试验结果都落在红色圆形中，在这样的条件下，可以认为此时"样本空间"变成了红色圆形。而在这样的条件下如果 B 发生，试验结果只可能出现在红色圆形与蓝色圆形的交叉区域内，所以 $P(B|A)$ 就是交叉区域在红色圆形中所占的比例。条件概率的计算公式为

$$P(B|A)=\frac{P(AB)}{P(A)}$$

当 A 和 B 是两个相互独立的随机事件时（即相互没有影响），则有 $P(B|A)=\dfrac{P(AB)}{P(A)}=P(B)$ ，由此显然可以得到 $P(AB)=P(A)P(B)$，这个关系式

将在下一节的独立性假设中使用。

类似地，以事件 B 作为条件，事件 A 发生的条件概率为

$$P(A|B)=\frac{P(AB)}{P(B)}$$

上面两个计算公式经过变形后可以给出如下计算 $P(AB)$ 的乘法公式。

$$P(AB)=P(A|B)P(B)=P(B|A)P(A)$$

结合这几个公式，可以得到贝叶斯公式，形式如下。

$$P(B|A)=\frac{P(A|B)P(B)}{P(A)}$$

它的意义在于可以通过改变条件和随机事件的相对位置来计算所需的条件概率，即可以通过事件 A 在事件 B 发生的条件下的概率计算事件 B 在事件 A 发生的条件下的概率。可以通过下面的例子体会这种转换的意义。日常生活中听到的天气预报，经常是这样描述天气："明天的降水概率为 80%。"这是如何做到的呢？在对明天的天气进行预测时，我们不可能通过计算频率（把明天重复 100 次），发现其中大约有 80 次下雨，从而预测出明天的降水概率为 80%。实际上，我们是通过仪器测量气象数据（如温度、湿度、风力等）计算在这些气象条件（A）下，明天降水（B）的概率。而这个条件概率，就可以使用贝叶斯公式，利用已经记录在案的历史天气数据来计算。

在贝叶斯公式中，$P(B)$ 又称作先验概率，是在不了解事件 A 相关情况的前提下，事件 B 发生的概率。$\frac{P(A|B)}{P(A)}$ 称为可能性函数，它表示了解关于 A 的新信息之后如何对先验概率 $P(B)$ 进行调整。它大于 1、小于 1 和等于 1 三种情况分别代表先验概率应该增加、减少和不变。而最终得到的条件概率 $P(B|A)$ 称为后验概率，是在事件 A 发生后，对事件 B 发生的概率的重新评估。

为了进一步熟悉贝叶斯公式的使用方法，下面以疾病检测作为例子进行具体地计算。

设某种疾病在人群中的患病率是 0.5%，现通过一种检测试剂对这种疾病的患者进行筛查。如果已知真正的患者用这种试剂检测呈阳性的概率为 99%，未患病的人试剂检测呈阴性的概率为 98%，那么检测结果呈阳性的人患病的概率为多少呢？

令 A 表示检测结果呈阳性，B 表示患有这种疾病，本例需要计算条件概率 $P(B|A)$。依照贝叶斯公式，可通过 $\dfrac{P(A|B)}{P(A)}\,P(B)$ 计算。其中先验概率 $P(B)$ 即是所调查人群的患病率，已知

$$P(B)=0.005$$

依据例中给出的说明，可知

$$P(A|B)=0.99$$

在计算 $P(A)$ 时需要用到另一个概率中的重要公式——全概率公式。因为在贝叶斯分类算法中其实并不需要真正计算出概率 $P(A)$，所以不再详细说明全概率公式的含义，而是直接给出它的表达式

$$P(A)=P(A|B)P(B)+P(A|\bar{B})P(\bar{B})$$

其中 $\bar{B}$ 表示 B 的对立事件，即没有患病。按照这个公式通过计算可得

$$P(A)=0.02485$$

最终，把这些计算结果代入贝叶斯公式，可以算出检测结果呈阳性的人

患病的概率为 19.9%。

由上例中给出的已知条件可以看出，无论是患者检测呈阳性还是未患病的人检测呈阴性的概率都很高，看起来通过这种试剂检测该病患者的准确率应该也很高。但是通过贝叶斯公式的计算结果可以看出，实际上检测结果为阳性的人真正患有这种疾病的概率并不是特别高，只有不到 20%。有 80% 检测结果呈阳性的人其实并未患病，这在医学上称为假阳性。这个例子其实给出了科学评价医学检测手段的准确性的一种方法。

第二节　朴素贝叶斯分类算法

贝叶斯公式能做很多事情，它的一个典型的应用是解决人工智能中的分类问题。基于贝叶斯公式的分类方法有广泛的应用，包括文本分类、基因筛选、拼写检查、推荐系统、图像识别、投资决策等。本节将介绍一种使用贝叶斯公式的最简单的分类算法，称为朴素贝叶斯分类算法。

朴素贝叶斯分类算法自 20 世纪 50 年代就已有广泛研究，并被应用于文本分类。这种算法具有收敛速度快、需要的训练数据少、分类准确性高等优点，所以直到现在，依然是在各种分类任务中使用的热门方法。

下面描述如何用这种方法解决多分类问题。令 D 表示需要处理的分类对象构成的集合，它包含 m 个类别，分别用 $C_1, C_2, \cdots, C_m$ 表示。进行分类前，需要确定分类对象的特征属性。设有 n 个特征属性，用 $A_1, A_2, \cdots, A_n$ 表示。对于任意的分类对象 $x \in D$，它的特征属性值用一个 n 维向量 $(a_1, a_2, \cdots, a_n)$ 表示，这表示对于这个元素 x，它的属性值分别是 $A_1{=}a_1$, $A_2{=}a_2$, $\cdots$, $A_n{=}a_n$。有了这些定义，需要实现的任务可以按如下方式描述。

对 D 中的每一个元素 x，使用它特征属性的取值 $(a_1, a_2, \cdots, a_n)$，从 $C_1, C_2, \cdots, C_m$ 中确定它所属的类别。

如何利用贝叶斯公式实现这样的目的呢？简单起见，设 x 的特征属性值是 $(a_1, a_2, \cdots, a_n)$，用 A 表示随机事件 $(A_1, A_2, \cdots, A_n){=}(a_1, a_2, \cdots, a_n)$，用 C_k 表示 x 属于第 k 个类别。通过贝叶斯公式计算如下条件概率

$$P(C_1|A),P(C_2|A),\cdots,P(C_m|A)$$

若其中 $P(C_k|A)=\max\{P(C_1|A),\ P(C_2|A),\ \cdots,\ P(C_m|A)\}$，则说明在已知特征属性值的条件下，元素 x 属于第 k 个类别的概率是最大的。那么就判定它属于类别 C_k，这当然是一种非常合理的选择，朴素贝叶斯分类就是遵循这样的思路来实现预定的分类任务。为了实现这个想法，具体的步骤和技巧如下。

首先准备包含类别标记的训练数据。这可以理解为，训练数据中的每一个元素 x 对应到一个向量 $(c_x,\ a_1,\ a_2,\ \cdots,\ a_n)$，其中 c_x 表示它所属的类别，$(a_1,\ a_2,\ \cdots,\ a_n)$ 表示特征属性的取值，元素 x 所属的类别通常是通过人工标注来判断的。贝叶斯分类是一种机器学习的方法，学习的含义可以理解为从已有的数据中学习"知识"，通过这种学习来获得对未知类别的数据进行分类的能力。

接下来利用标注数据的信息计算 $P(C_1|A),\ P(C_2|A),\ \cdots,\ P(C_m|A)$。根据贝叶斯公式可知

$$P(C_k|A)=\frac{P(A|C_k)P(C_k)}{P(A)}$$

在具体操作环节，朴素贝叶斯有一些技巧用来减少计算量。因为朴素贝叶斯只关心这些条件概率的大小关系，而对相同的特征属性取值，上述公式右端的分母是相同的（都是 $P(A)$），它的值并不影响这些条件概率按大小排列的顺序，所以为了减少计算量，只需要计算上述公式右端的分子并对其按大小关系排序即可。

还有一个重要的化简计算量的假设，叫作独立性假设。公式右端的分子中，$P(C_k)$ 是先验概率，可以利用训练数据中第 k 个类别出现的频率计算。如果第 i 个特征属性的取值有 S_i 个，那么在计算条件概率 $P(A|C_k)$ 时，对于分类器来说，由特征属性带来的参数一共有 $m\prod_{i=1}^{n}S_i$ 个，这样的参数量级太

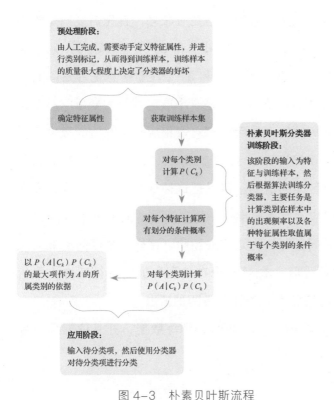

图 4-3　朴素贝叶斯流程

大，某些情形下（如数据量庞大时）计算能力甚至难以负担。为了解决这个问题，朴素贝叶斯做了一个大胆的假设，即假设各个特征属性之间是相互独立的。

上述表述中出现了分类器的概念。因为这种方法最终将用于数据的分类，所以训练完成后得到的模型又称为分类器。

根据相互独立的随机事件的定义，可以得到在独立性假设下有

$$P(A|C_k)=P(A_1|C_k)P(A_2|C_k)\cdots P(A_n|C_k)$$

可以看到，此时参数的数量为 $m\sum_{i=1}^{n}S_i$，这大大化简了计算的复杂度。通常特征属性并非相互独立的。因为这样的独立性假设与真实情况不一致，所以必然会带来分类准确率的下降。但是在实际任务中发现，在这样的特征独立假设下，分类器依然能取得令人满意的准确率，所以在朴素贝叶斯中，这个假设是可以接受的。

综上所述，朴素贝叶斯的流程如图 4-3 所示。

接下来通过一个简单案例来熟悉上述工作流程中的概念和方法。

某个论坛希望通过程序自动识别账号的真实性，可以使用朴素贝叶斯分类算法来实现这一任务。

在这个问题中需要处理的就是论坛所有的注册账号，首先需要确定类别和特征属性。期望把账号分为 C_1={ 真实账号 } 和 C_2={ 虚假账号 } 两个类别，假设所用的特征属性为 A_1={ 发文频率 } 和 A_2={ 注册信息是否完备 }。

A_1 由发文篇数和注册天数的比值确定，是一个取连续值的变量。对于这种取值，需要先把它转换成离散值，然后计算它取相应的离散值的概率。假设把发文频率划分成 $(-\infty, 0.05]$，$(0.05, 0.2)$ 和 $[0.2, +\infty)$ 三个区间，然后计算发文频率落在这三个区间的概率。可以把这种划分方式理解成，发文频率落在三个区间中分别对应到发文频率这一特征属性的取值为 $\{-1, 0, 1\}$。之所以划分成这样的三个区间，可认为是依据经验，这样三个区间恰好对应到发文频率低、中、高三种情形。A_2 是一个布尔型取值的特征属性，取值为 $\{0, 1\}$，分别对应到注册信息不完备和完备两种情形。

假设通过人工标注的方式获得了 10 000 条训练数据，并且依据训练数据计算得到如下概率。

$$P(C_1)=0.9, P(C_2)=0.1$$
$$P(A_1=-1|C_1)=0.1, P(A_1=0|C_1)=0.5, P(A_1=1|C_1)=0.3$$
$$P(A_2=0|C_1)=0.3, P(A_2=1|C_1)=0.7$$
$$P(A_1=-1|C_2)=0.7, P(A_1=0|C_2)=0.2, P(A_1=1|C_2)=0.1$$
$$P(A_2=0|C_2)=0.8, P(A_2=1|C_2)=0.2$$

根据对朴素贝叶斯分类算法的描述，有了这些概率就相当于拥有了一个可用的分类器，使用这个分类器可以对未知类别的账号进行分类。例如，现在有两个未知类别的账号，其一记为 X_1，发文频率为 0.07，注册信息不完备；其二记为 X_2，发文频率为 0.8，注册信息完备。利用上述分类器可以计算出，对于 X_1，可得

$$P(A|C_1) P(C_1)=P(A_1=0|C_1) P(A_2=0|C_1) P(C_1)$$

$$=0.5×0.3×0.9=0.0135$$

$$P(A|C_2)\,P(C_2)=P(A_1=0\,|\,C_2)\,P(A_2=0\,|\,C_2)\,P(C_2)$$

$$=0.2×0.8×0.1=0.016$$

$$P(A|C_1)\,P(C_1)<P(A|C_2)\,P(C_2)$$

所以给出的分类结果是，X_1 是一个虚假账号。

对于 X_2，类似地可以得到

$$P(A|C_1)\,P(C_1)>P(A|C_2)\,P(C_2)$$

所以 X_2 是一个真实账号。

在上述案例中，通过简单的划分把连续取值的特征属性 A_1 转换成了离散取值的特征属性。在具体操作中，根据特征属性取值的不同情况，有三种对应的操作方法，分别称为多项式朴素贝叶斯、高斯朴素贝叶斯和伯努利朴素贝叶斯。下面针对这三种不同的方法做一些简单的说明，内在原理不再详细解释，现阶段只需要关注具体的操作方法就可以了。

多项式朴素贝叶斯：特征属性取值为离散值。此时通过训练数据计算 $P(C_k)$ 和 $P(A|C_k)$ 时，有可能出现由于训练数据中没有某些类别的数据，从而导致相应的概率为 0 的情况，这会极大地干扰分类工作的进行。为了克服这种干扰，通常会引入一个大于 0 的平滑参数 λ。并通过

$$P(C_k)=\frac{N_{C_k}+\lambda}{N+m\lambda}$$

$$P(A|C_k)=\frac{N_{AC_k}+\lambda}{N_{C_k}+n\lambda}$$

来计算相应的概率。其中 N 表示样本的总量，N_{C_k} 表示训练数据中第 k 类样本的数量，m 为类别数量，N_{AC_k} 表示在第 k 类样本中，特征属性为 A 的样本数量，n 为特征属性个数。因为 $\lambda>0$，所以即使某一类样本在训练数据中从未出现，也

不会出现它所对应的概率为 0 的情况。特别地，当 $\lambda=1$ 时，这种平滑方式称为拉普拉斯平滑。

高斯朴素贝叶斯：当特征属性具有连续取值时，除了可以像前面的案例那样把连续取值离散化，还有另一种处理方式，即假设相应的特征属性服从正态分布（又称为高斯分布）。

$$P(A_i \mid C_k) = \frac{1}{\sqrt{2\pi\sigma_{C_k}^2}} \exp\{-\frac{(a_i - \mu_{C_k})^2}{2\sigma_{C_k}^2}\}$$

其中 a_i 表示该特征属性的取值，μ_{C_k} 代表该特征属性的均值，可以通过对应类别的样本数据的平均值来估计其大小，$\sigma_{C_k}^2$ 代表该特征属性的方差，也可以通过该类别的样本数据的方差来估计。估计出高斯分布的参数后，就可以通过高斯分布来计算所需的概率了。

伯努利朴素贝叶斯：这种模型同样对应到特征属性取值为离散值的情形。但与多项式模型不同的是，在伯努利模型中，该特征的取值只能是 0 和 1。例如，上述案例中信息是否完备这个特征属性的取值即属于此种情况。在伯努利模型中，特征属性取值为 0 和 1 时对应的两个条件概率满足

$$P(A=1 \mid C_k) + P(A=0 \mid C_k) = 1$$

在可以使用贝叶斯分类的第三方的库中，往往会同时有上述三种处理方式供用户选择，可以通过引用相应的函数或者设置相应的参数来方便地实现这三种不同的方法。

第三节　糖尿病预测

　　利用上一节讲述的理论，本节将使用朴素贝叶斯实现糖尿病患病预测。本节使用的数据来源于美国国家糖尿病和消化肾脏疾病研究所，原始数据可从 UCI 数据库获取。这是机器学习领域一个被广泛研究的标准数据集，一般认为，关于这个数据集的预测算法如果能达到 70%~76% 的预测准确率就是一个较好的预测算法。本教材所用数据已经根据需要进行过适当地处理，可从教材配套的资源平台下载。

　　首先从本教材的资源平台下载该数据文件，并以文件名 pima-indians. data.csv 保存为 csv 文件。这是一个关于皮马族糖尿病患者的医疗检测数据（表 4-1）。皮马族是美国印第安原住民的一个种族，由于基因缺陷，这个种族的糖尿病患病率很高，数据集描述了 768 个皮马印第安糖尿病患者的医疗观测细节，所有患者都是 21 岁以上（含 21 岁）的女性，所有的特征属性取值都是数值型，且各属性取值的度量单位是不同的。

表 4-1

	Pregnancies	Glucose	Blood Pressure	Skin Thickness	Insulin	BMI	Diabetes Pedigree Function	Age	Outcome
0	6	148	72	35	0	33.6	0.627	50	1
1	1	85	66	29	0	26.6	0.351	31	0
2	8	183	64	0	0	23.3	0.672	32	1
3	1	89	66	23	94	28.1	0.167	21	0
4	0	137	40	35	168	43.1	2.288	33	1

　　双击打开数据文件可以看到这是一个包含 9 个数据项的表格。其中

Pregnancies 代表怀孕次数；Glucose 代表口服葡萄糖耐量试验中的葡萄糖浓度；Blood Pressure 代表血压；Skin Thickness 代表皮脂厚度；Insulin 代表血清胰岛素含量；BMI 代表体重指数；Diabetes Pedigree Function 代表糖尿病系统功能；Age 代表年龄；Outcome 代表 5 年内是否患有糖尿病，1 表示患病，0 表示未患病。因此这可以对应到一个分类问题，输入数据是前 8 项检测数据，输出的分类结果是 0 或者 1，表示该人未患病或者患病。

首先导入三个需要用到的 Python 库。csv 是一种以逗号分隔存储数据的文件格式，csv 模块可以很好地对这种格式的数据进行读取、存储和处理。random 模块用于随机分割数据集，产生训练数据和测试数据。math 模块用于计算数据的均值、标准差等数学结果时可以直接调用相应的计算函数。

```
In [1]: import csv,random,math
```

这里提到了训练数据和测试数据的概念，在上一章对决策树模型进行评价时也提到过这些概念，下面对它们做一个简单的说明。对于分类算法来说，训练完成后需要对训练结果的性能进行评价，如估计模型分类的准确率。为了估计准确率，需要在已知分类结果的数据集上对分类器进行测试，通过对比分类器给出的分类结果与真实的分类结果，可以方便地对准确率进行评估。所以在取得人工标注的数据集后，一种常用的处理方式是对其按一定的比例进行划分，其中一部分用来训练模型，叫作训练数据；另一部分用来进行模型的测试，叫作测试数据。

定义读取数据文件的函数 load_csv_file。把数据文件中的每一行封装到一个 list 中，然后对数据进行处理，把数据转换成浮点型数据并返回 data_set。

```
In [2]:def load_csv_file(filename):
        with open(filename) as f:
```

```
        lines = csv.reader(f)
        data_set = list(lines)
    for i in range(len(data_set)):
        data_set[i] = [float(x) for x in data_set[i]]
    return data_set
```

把数据集分割成训练数据和测试数据，分割比例通过参数 split_ratio 确定，一般按"训练数据：测试数据 =2：1"来分割。这里使用了 random 库进行随机划分，以保证用来训练和测试的数据尽量服从同样的分布。

```
In [3]:def split_data_set(data_set,split_ratio):
        train_size = int(len(data_set) * split_ratio)
        train_set = []
        data_set_copy = list(data_set)
        while len(train_set) < train_size:
            index = random.randrange(len(data_set_copy))
            train_set.append(data_set_copy.pop(index))
        return [train_set,data_set_copy]
```

将训练数据中的特征属性与类别分离。

```
In [4]:def separate_by_class(data_set,class_index):
        result = {}
        for i in range(len(data_set)):
            vector = data_set[i]
            class_val = vector[class_index]
            if (class_val not in result):
                result[class_val] = []
            result[class_val].append(vector)
        return result
```

在此案例中，采用高斯朴素贝叶斯方法进行分类，所以需要计算训练数据各特征属性的均值和标准差，作为特征属性所服从的分布的参数。下面定义计算均值（mean）和标准差(stdev)的函数

```
In [5]:def mean(numbers):
            return sum(numbers) / float(len(numbers))
        def stdev(numbers):
            avg = mean(numbers)
            variance = sum([pow(x - avg,2) for x in numbers])
                          / float(len(numbers))
            return math.sqrt(variance)
```

对每个类别的数据，计算不同特征属性的均值和标准差。

```
In [6]:def summarize(data_set):
            summaries = [(mean(feature),stdev(feature)) for
                          feature in zip(*data_set)]
            del summaries[-1]
            return summaries
        def summarize_by_class(data_set):
            class_map = separate_by_class(data_set,-1)
            summaries = {}
            for class_val,data in class_map.items():
                summaries[class_val] = summarize(data)
            return summaries
```

根据训练数据集，计算使用贝叶斯分类所需的概率和条件概率。计算条件概率时，需要用到正态分布的密度函数，它的参数通过样本均值和标准差的计算结果来确定。calculate_conditional_probabilities 返回每个类别对应的条件概率，接下来选择其中条件概率最大的类别作为分类结果即可。

```
In [7]:def calculate_probability(x,mean,stdev):
        exponent = math.exp(-(math.pow(x - mean,2) / (2
                    * math.pow(stdev,2))))
        return (1 / (math.sqrt(2 * math.pi) * stdev)) *
            exponent
    def calculate_conditional_probabilities(summaries,
                                            input_vector)
        probabilities = {}
        for class_val,class_summaries in summaries.items()
            probabilities[class_val] = 1
            for i in range(len(class_summaries)):
                mean,stdev = class_summaries[i]
                x = input_vector[i]
                probabilities[class_val] *= calculate_
                                            probability
                                            (x,mean,stdev)


        return probabilities
```

定义预测函数 predict，返回的是对每个需要分类的数据的类别标签，根据这个返回值可以评估分类的准确率。

```
In [8]:def predict(summaries,input_vector):
        probabilities = calculate_conditional_probabilities
                        (summaries,input_vector)
        best_label,best_prob = None,-1
        for class_val,probability in probabilities.items():
```

```
            if best_label is None or probability > best_prob:
                best_label = class_val
                best_prob = probability
        return best_label
```

定义准确性评估函数，在测试数据上评估分类器的准确率。

```
In [9]:def get_predictions(summaries,test_set):
            predictions = []
            for i in range(len(test_set)):
                result = predict(summaries,test_set[i])
                predictions.append(result)
            return predictions
        def get_accuracy(predictions,test_set):
            correct = 0
            for x in range(len(test_set)):
                if test_set[x][-1] == predictions[x]:
                    correct += 1
            return (correct / float(len(test_set))) * 100.0
```

定义 main 函数，通过运行 main 函数，进行分类器的训练和在测试数据集上的准确率评估。

```
In [10]:def main():
            filename = 'pima-indians.data.csv'
            split_ratio = 0.67
            data_set = load_csv_file(filename)
            train_set,test_set = split_data_set(data_set,spli
                                                t_ratio)
            print('Split %s rows into train set = %s and test
```

```
            set = %s rows'%(len(data_set),len(train_
               set),len(test_set)))
         summaries = summarize_by_class(train_set)
         predictions = get_predictions(summaries,test_set)
         accuracy = get_accuracy(predictions,test_set)
         print('Accuracy: %s' % accuracy)


   In [11]:main()
```

最终可以看到，在测试集上，分类器的准确率大概是 73%（图 4-4）。

```
Split 768 rows into train set = 514 and test set = 254 rows
Accuracy: 73.22834645669292
```

图 4-4　准确率

第五章

物以类聚:运动员行为分析

聚类是人工智能领域中另一类重要的问题,能实现聚类目的的算法有很多种,这一章将选取其中的k-平均算法进行讲解,并将它应用于篮球运动员的行为分析。

第一节　聚类方法概述

聚类与分类是人工智能领域中的两个经典问题。简单地说，分类算法是通过训练集进行学习，从而具备把未知数据划分到已知类别中的能力，这种通过训练数据进行学习的方法被称为监督学习（supervised learning）。作为一种监督学习方法，分类算法要求必须事先明确类别信息，并且所有待分类的数据都有一个已知类别与之对应。

聚类算法不需要通过具有类别标记的训练数据进行学习，是一种无监督学习（unsupervised learning）的方法，它借助算法把数据对象划分成几个不同的子集，每个子集称为一个簇（cluster）。划分的原则是使得同一簇中的对象彼此相似，而与其他簇中对象的差异尽量大。

虽然分类与聚类最终都是把待处理的对象分成几类，但是它们适用的问题、处理的方法以及对处理结果的解读都是不同的。首先分类问题的类别是事先确定的，而聚类事先并不知道处理对象的类别，而是根据它们内在的特性进行划分。例如，关注的对象是某个人群，一个典型的分类算法是根据人群的身高、体重等生物测量数据把他们划分成青少年、中年、老年三个类别。而聚类是根据这些生物测量数据按照某种相似度把人群分成几类。最终也许划分成了青少年、中年、老年三个类别，也有可能根据性别划分成男性、女性两个类别，还有可能根据其他标准划分成另外的几个类别。这在聚类完成前是未知的，并且需要对聚类结果进行解读。所以分类算法适用于类别或分类体系已经确定的问题，而聚类算法适用于不存在特定的分类体系的问题，聚类是一种探索式的学习方法。

聚类方法在很多领域都有应用，如商务智能、图像识别、网页搜索、生物学等。可供选择的聚类方法有很多种，应根据具体任务和算法的特点进行选择，并没有哪一种方法是适用于所有问题的。因为方法众多、特点不同，很难对聚类方法给出非常明确的分类，所以下面对常见的聚类方法给出一个不是非常严格的划分。

1. 基于划分的聚类方法

对包含 n 个元素的集合，依据某种原则把集合划分为 k 个分区，每个分区代表一个簇，其中 $k \leqslant n$。这类方法多数是使用某种距离进行划分的，使得同一簇中的元素尽量"接近"，而不同簇中的元素尽量"远离"。为了达到划分的全局最优，可能需要穷举所有可能的划分。这样的计算量在大数据量时常常是无法被接受的，所以实际上多数基于划分的聚类方法都是启发式的，通过迭代逐渐提高聚类的质量。在第三节将会介绍的 k- 平均算法就是这类方法的代表。

2. 基于层次的聚类方法

根据层次聚类的方向，这类方法可以分为自下而上和自上而下两种形式。自下而上的层次聚类开始时把每个元素作为单独的簇，然后逐渐合并相近的簇，直至满足算法约定的条件后停止。而自上而下的层次聚类开始时将所有元素放在一个簇中，每次迭代将一个簇分解成更小的簇，直至满足算法约定的条件后停止。层次聚类通常是使用距离或者使用密度和连通性进行聚类的，它的缺陷在于一旦合并或者分裂的步骤完成，将不能撤销，它的好处是计算量较小。这类方法的代表有 AGNES、DIANA 等。

3. 基于密度的聚类方法

当聚类方法是使用距离判断元素之间的相似性时，对聚类对象的形状是敏感的。当簇的形状是球形（凸的）时，这样的方法更有效；而对于任意形状的簇，基于距离的聚类方法很可能效果较差甚至失效。对于这样的任务，可以使用基于密度的聚类方法。它使用的基本原理是，当把集合中的某些元素放在一起时，如果每个元素附近元素的"密度"都大于某个阈值，则把这些元素看成是一个簇。这类方法的代表是DBSCAN聚类方法。

4. 其他的聚类方法

除了上述聚类方法，还有基于网格的聚类、利用神经网络的聚类、基于概率的聚类等。

当使用聚类方法时，有以下问题是需要评估和注意的。

评估聚类趋势。只有在具有非随机结构的集合上才考虑使用聚类方法，否则很可能返回无意义的结果。非随机结构表明集合存在某种内在的可划分的结构，所以才值得使用聚类方法去探索这种结构，否则划分的结果就是无意义的。例如，下面图5-1左侧图中的点几乎是均匀分布的，尽管聚类算法可以按要求返回几个簇，但这些簇其实并没有实际含义；而图5-1右侧图中的点明显分成两个部分，就可以尝试使用聚类方法去找到划分这两个集合的方式。如何评价所考查的集合的聚类趋势，如何判断其中是否有非随机结构？可以通过一种简单有效的统计量——霍普金斯（Hopkins）统计量来实现。具体细节不在这里赘述。

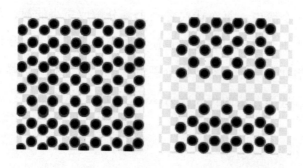

图 5-1

　　确定簇的个数。确定聚类的簇的个数之所以重要，一是因为很多聚类算法需要事先确定簇的个数才能开始；二是合适的簇的个数可以控制聚类粒度，简单地说，把所有元素看成一个簇或者把每个元素看成一个簇，通常都不能提供有价值的信息，而合适的簇数可以在压缩性和准确性之间寻求平衡。但确定簇的个数这件事情并不简单，它与集合的分布、形状、需求等都有关系。一种简单的处理方式是，包含 n 个元素的集合，簇数设置为 $\sqrt{\frac{n}{2}}$。更复杂的设置簇数的方法还有肘方法（elbow method）、交叉验证、使用信息论等。

　　评估聚类质量。评估聚类质量是个复杂的问题，需要明确的一点是，聚类是根据数据的内在特征给出的某种意义下的划分，并没有唯一正确的答案。笼统地说，当有专家意见或者经验可供参考时，可据此评估聚类结果的好坏，这称为外在方法。如果没有类似的基准可以参考，则根据聚类产生的类别的分离情况进行评价，这称为内在方法。外在方法很多情况下是不实用的，例如，用来聚类的数据量很大时，通过人工对聚类质量进行评估就成为非常耗时甚至不可能完成的任务了。当可以使用距离的概念时（注意这并不总是可行的，它依赖于数据的类型），使用内在方法评估聚类质量的一个简单方法是计算每个簇距离中心的误差平方和，误差平方和越小说明这个簇内的元素差异越小，聚类质量也越好。更复杂一些，可以使用轮廓系数（Sihouette Coefficient）、兰德指数（Rand Index）、互信息（Mutual Information）等进行评价，在提供聚类工具的 Python 库中，一般可以直接调用这些评价方法，这里不再详细说明。

第二节　相似性的度量方式

考虑聚类问题时，如何度量元素之间以及簇之间的相似性是一个核心问题。在不同类型的任务中，需要选择合适的度量方式。一个直观的想法是通过某种距离来度量相似性，距离越近，相似性越高，之所以说"某种"距离是因为距离可以用很多种方式来定义。下面列出几种常用的距离的定义。

设 C 是一个集合，C_1，C_2，$\cdots$，C_k 是它的一些子集。度量集合 C 中两个元素 $p_1=(x_{11}, x_{12}, \cdots, x_{1n})$ 和 $p_2=(x_{21}, x_{22}, \cdots, x_{2n})$ 之间的距离时，最常用的是欧式距离

$$\sqrt{\sum_{k=1}^{n} \left| x_{1k} - x_{2k} \right|^2}$$

这种距离直观易懂且可解释性强。除了欧式距离，还有两种常用的度量方式，一种叫作曼哈顿（Manhattan）距离

$$\sum_{k=1}^{n} \left| x_{1k} - x_{2k} \right|$$

一种叫作闵科夫斯基（Minkowski）距离

$$\sqrt[q]{\sum_{k=1}^{n} \left| x_{1k} - x_{2k} \right|^q}$$

其中 q 是大于 0 的常数。从定义可以看出，前两种距离其实是闵科夫斯基距

离的特殊情形。进一步，当元素的坐标在各个方向的重要性不同时，可以采用如下加权距离

$$\sqrt{\sum_{k=1}^{n} \omega_k \left| x_{1k} - x_{2k} \right|^2}$$

来进行度量，其中 ω_k 是介于 0 和 1 之间的常数，它表明了不同方向的坐标在元素属性中的重要程度。

还有一种距离叫作余弦距离，或者称为余弦相似性。这种距离在图像识别、文本相似性等任务中很常用。计算余弦距离时，把元素看成空间中的向量，使用余弦定理计算两个向量夹角的余弦，余弦值越大说明角度越小，则两个向量的相似性越高。计算 p_1 和 p_2 余弦距离的公式是

$$\cos\theta = \frac{\langle p_1, p_2 \rangle}{|p_1|\ |p_2|}$$

其中 $\langle p_1, p_2 \rangle$ 表示内积，即

$$\sum_{k=1}^{n} x_{1k} \cdot x_{2k}$$

$|p_1|$ 和 $|p_2|$ 表示它们的长度，例如

$$|p| = \sqrt{\sum_{k=1}^{n} x_{1k}^2}$$

除了两点间的距离，还需要用到集合间的距离。用 $|p_1 - p_2|$ 表示两个点间的距离，距离的具体计算方式可根据问题特性从上述几种距离的定义中选取。对于两个不同的子集 C_i 和 C_j，它们之间的距离 $\mathrm{dist}(C_i, C_j)$ 也有不同的选择。可以采用最小距离

$$\min_{P_1 \in C_i, P_2 \in C_j} \{ |P_1 - P_2| \}$$

最大距离

$$\max_{P_1 \in C_i, P_2 \in C_j} \{ |P_1 - P_2| \}$$

平均距离

$$\frac{1}{L_i L_j} \sum_{P_1 \in C_i, P_2 \in C_j} |P_1 - P_2|$$

以及中心距离

$$|m_i - m_j|$$

在上述定义中，L_i, L_j 表示 C_i, C_j 中元素的个数，m_i, m_j 表示 C_i, C_j 的中心。这里的中心其实就是在物理学中讲到的物体的重心。例如，C_i 的中心 m_i 的坐标可以通过如下方式计算

$$m_i = \frac{\left(\sum_{x \in C_i} x_1, \sum_{x \in C_i} x_2, \cdots, \sum_{x \in C_i} x_n \right)}{L_i}$$

其中 L_i 是 C_i 中元素的个数。

下面用具体的例子来熟悉上述概念的计算。设

$$C = \{ p_1, p_2, p_3, p_4, p_5 \} = \{ (3,4), (3,6), (3,8), (7,3), (7,5) \}$$
$$C_1 = \{ (3,4), (3,6), (3,8) \}, C_2 = \{ (7,3), (7,5) \}$$

则 $p_1 = (3，4)$ 和 $p_4 = (7，3)$ 的欧式距离为

$$\sqrt{(3-7)^2+(4-3)^2}=\sqrt{17}$$

曼哈顿距离为

$$|3-7|+|4-3|=5$$

当 $q=\dfrac{1}{2}$ 时，闵科夫斯基距离为

$$\left\{\sqrt{|3-7|}+\sqrt{|4-3|}\right\}^2=9$$

如果考虑集合 C_1 和 C_2 之间的距离，以计算它们中心的欧式距离为例。

C_1 的中心为

$$m_1=\left(\frac{3+3+3}{3},\frac{4+6+8}{3}\right)=(3,6)$$

C_2 的中心为

$$m_2=\left(\frac{7+7}{2},\frac{3+5}{2}\right)=(7,4)$$

$$|m_1-m_2|=\sqrt{(3-7)^2+(6-4)^2}=2\sqrt{5}$$

需要注意的是，一个集合的中心不一定仍然是此集合中的元素。

第三节　k-平均聚类

这一节讲述最简单也很常用的一种聚类算法——k-平均算法。该算法的流程非常简单，其实就是不停地尝试对集合进行划分，直至找到符合条件的划分方式。可以简单描述如下。

第一步，确定簇的个数 k，并为每个簇的中心（称为中心向量）初始化 k 个种子 c_1, c_2, …, c_k。

第二步，将每个元素分配给距离其最近的中心向量，生成 k 个簇。

第三步，重新计算每个簇的中心，并以计算结果作为每个簇新的中心向量。

第四步，重复上述第二、三步，直至算法收敛（中心不再变化或满足特定的收敛条件）。

其中在第一步，初始化种子有多种方法，一种简单的处理方法是随机地挑选 k 个元素作为初始化种子。在第四步，如果进一步迭代后，每个簇的中心不再发生变化，自然可以认为算法收敛，但这并不总是可以实现的。另一种判断收敛的方法是使用簇中所有元素与中心的均方差，当均方差小于给定的阈值后即停止迭代。均方差是指簇中每个元素与中心距离的平方和，即

$$E = \sum_{i=1}^{k} \sum_{p \in C_i} |p - m_i|^2$$

为了更好地理解 k-均值聚类的过程，下面通过一个简单的例子进行说

明。给定 10 个平面上的点，通过 k- 平均算法聚成两类。这 10 个点的坐标分别是 $(3,4)$，$(3,6)$，$(3,8)$，$(4,5)$，$(4,7)$，$(5,1)$，$(5,5)$，$(7,3)$，$(7,5)$，$(8,5)$，在平面上如图 5-2 所示。

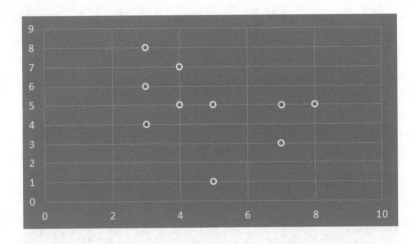

图 5-2

因为确定是聚成两类，所以要选取两个点作为初始化的聚类中心。不妨选 $p_1 = (3,4)$ 和 $p_2 = (7,5)$，即图中红色的两个点。k- 平均算法的第一步就完成了。

接下来进行第二步，计算每个点到初始化种子的距离，并把它归入距离最近的中心所属的簇。计算结果如表 5-1 所示。

表 5-1

坐标	到 p_1 的距离	到 p_2 的距离	所属类别
(3,4)	0	$\sqrt{17}$	C_1
(3,6)	2	$\sqrt{17}$	C_1
(3,8)	4	5	C_1
(4,5)	$\sqrt{2}$	3	C_1
(4,7)	$\sqrt{10}$	$\sqrt{13}$	C_1
(5,1)	$\sqrt{13}$	$\sqrt{20}$	C_1

坐标	到 p_1 的距离	到 p_2 的距离	所属类别
(5,5)	$\sqrt{5}$	2	C_2
(7,3)	$\sqrt{17}$	2	C_2
(7,5)	$\sqrt{17}$	0	C_2
(8,5)	$\sqrt{26}$	1	C_2

第一次迭代完成后的聚类结果如图 5-3 所示。

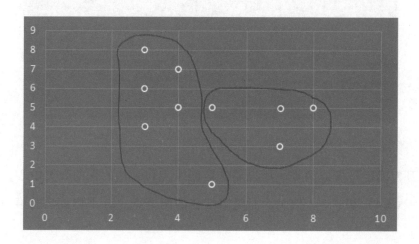

图 5-3

第三步是计算每个簇新的中心，计算结果为 $m_1 = (\frac{11}{3}, \frac{31}{6})$ 和 $m_2 = (\frac{27}{4}, \frac{9}{2})$，均方差为 $E_1 = 38.583$。

接下来重复第二、三步开始第二次迭代。各点到中心的距离如表 5-2 所示，第二次聚类的结果如图 5-4 所示。

表 5-2

坐标	到 m_1 的距离	到 m_2 的距离	所属类别
(3,4)	1.344	3.816	C_1
(3,6)	1.067	4.039	C_1
(3,8)	2.911	5.130	C_1

坐标	到 m_1 的距离	到 m_2 的距离	所属类别
(4,5)	0.373	2.795	C_1
(4,7)	1.863	3.717	C_1
(5,1)	4.375	3.913	C_2
(5,5)	1.344	1.820	C_1
(7,3)	3.976	1.521	C_2
(7,5)	3.337	0.559	C_2
(8,5)	4.337	1.346	C_2

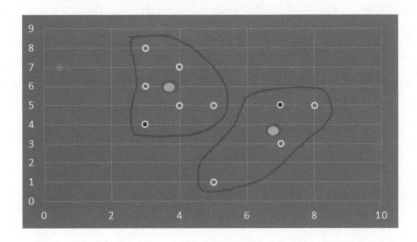

图 5-4

新的中心为 $m_1 = (\frac{11}{3}, \frac{35}{6})$ 和 $m_2 = (\frac{27}{4}, \frac{7}{2})$，均方差为 $E_2 = 29.917 \leqslant E_1$。

第三次迭代中，计算每个点到中心 $m_1 = (\frac{11}{3}, \frac{35}{6})$ 和 $m_2 = (\frac{27}{4}, \frac{7}{2})$ 的距离后，发现聚类结果未发生任何变化，中心也不再发生变化，聚类过程结束。

通过上面的例子可以看到，k-平均算法简单快速，也能取得较好的聚类效果。但这种方法也有一些缺点。

首先，必须事先给定要生成的簇的数量，而且对不同的初始化种子，可能会导致不同的聚类结果。为了减少初始化种子带来的干扰，可以尝试选取

不同的初始化种子进行多次聚类，从中挑选最优结果作为最终的聚类结果。其次，这种聚类方法对孤立点是敏感的。所谓孤立点就是和其他任何点都没有太高的相似性的元素。这样的点会极大地干扰聚类的结果。为了解决孤立点带来的问题，可以尝试其他基于 k- 平均改进的算法，如 k-prototype 算法和 k- 中心点算法。

第四节　篮球运动员行为分析

这一节将使用 k- 平均聚类方法根据篮球运动员的行为数据对运动员进行聚类，这样的聚类结果在与球队有关的各项工作中都具有参考价值。例如，可根据聚类结果判断球员风格，从而更好地进行上场球员的调配；引进新球员时可根据聚类结果挑选更适合球队的球员，弥补球队短板，避免球员同质化；球员还可参考聚类结果进行有针对性的训练等。本案例所用数据是2013－2014 赛季 NBA 控球后卫的赛场行为数据，并已经过适当地处理（去除噪声和无效数据），数据可从教材资源平台下载。

首先导入需要使用的 Python 库。其中 pandas 提供了高效易用的数据分析工具，numpy 是适用于科学计算的库，两者经常配合使用。matplotlib 是Python 中常用的绘图系统，用来做数据可视化非常方便。

```
In [1]: import pandas as pd
In [2]: import matplotlib.pyplot as plt
In [3]: import numpy as np
```

读入所需的数据，显示数据的前 5 行，可以看到数据包含 33 个数据项，其中包括球员姓名、在球队中所打的位置、年龄、赛季等。具体地，pos 代表球员在球场上所打的位置，g 代表本赛季参赛场数，pts 代表总得分，ast代表助攻次数，tov 代表失误次数，ppg=pts/g 代表平均得分（Points Per

Game），atr=ast/tov 表示助攻失误比（Assist Turnover Ratio）。为了简单起见，在此案例中只使用其中的数据项 ppg 和 atr 进行聚类，感兴趣的同学可以探索使用更多的数据项进行分析。

```
In [4]: nba=pd.read_csv('nba_2013.csv')
In [5]:nba.head()
Out[5]:
player pos age ... season_end ppg atr
0 D.J. Augustin PG 26 ... 2013 13.098592 2.504000
1 Leandro Barbosa PG 31 ... 2013 7.500000 1.684211
2 Jose Barea PG 29 ... 2013 8.354430 2.424000
3 Jerryd Bayless PG 25 ... 2013 9.250000 2.365854
4 Steve Blake PG 33 ... 2013 6.872727 3.009804
        [5 rows x 33 columns]
```

使用 matplotlib 可以画出相应数据的散点图（图 5-5）。

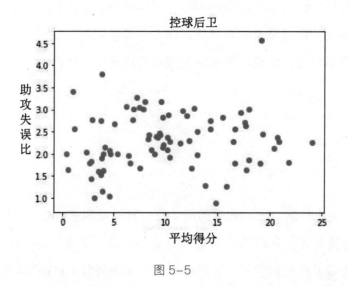

图 5-5

第一步，设置聚类的个数为 5，并且随机选取 5 个点作为初始种子，初始的种子在图中用红色标出（图 5-6）。

```
In [6]: cluster_num=5
In [7]: random_initial=np.random.choice(nba.index,size=clus
                                        ter_num)
In [8]: centroids=nba.loc[random_initial]
```

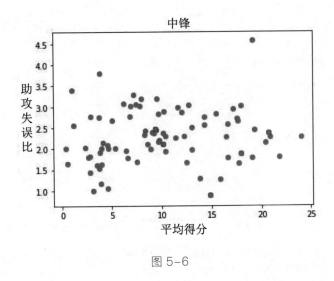

图 5-6

第二步，将每个元素分配给距离其最近的中心，生成 5 个簇。

第三步，重新计算每个簇的中心。因为这两个步骤是需要反复迭代的，为了代码的易用性，下面先以函数的形式定义好这两个步骤要实现的功能，然后在迭代过程中就可以通过反复调用这些函数来完成相应的工作了。

首先定义一个函数，以字典的形式存储中心，字典键值是每个簇的名称，字典的值是对应中心的坐标。

```
In [10]: def centroids_to_dict(centroids):
             dictionary={}
             counter=0
```

```
      for index,row in centroids.iterrows():
          coordinates = [row['ppg'],row['atr']]
          dictionary[counter]=coordinates
          counter+=1
      return dictionary
```

再定义用来计算点到中心欧式距离的函数。这里导入了用于数学计算的
math 库。

```
In [11]: import math
In [12]: def calculate_distance(centroid,player_value):
          root_distance=0
          for x in range(0,len(centroid)):
              difference=centroid[x] - player_value[x]
              squared_difference=difference**2
              root_distance+=squared_difference
          euclid_distance = math.sqrt(root_distance)
          return euclid_distance
```

定义函数用来计算每个点到中心的距离，并把它分配到距离最近的中心
所在的那个簇。

```
In [13]: def assign_to_cluster(row):
          player=[row['ppg'],row['atr']]
          lowest_dist=-1
          clus_id=-1
          for clu_id,centroid in centroids_dict.items():
              distance=calculate_distance(centroid,player)
              if lowest_dist==-1:
                  lowest_dist=distance
```

```
            clus_id=clu_id
        elif distance<lowest_dist:
            lowest_dist=distance
            clus_id=clu_id
    return clus_id
```

定义可视化函数，使用不同的颜色显示 5 个簇。

```
In [14]: def visualize_clusters(df,cluster_num):
             colors = ['b','g','r','c','m','y','k']
             for i in range(cluster_num):
                 clustered_df = df[df['cluster'] == i]
                 plt.scatter(clustered_df['ppg'],clustered_
                             df['atr'],c=colors[i])
             plt.xlabel('Points Per Game',fontsize=12)
             plt.ylabel('Assist Turnover Ratio',fontsize=12)
             plt.show()
```

定义函数用来计算每次聚类结束后新的中心。

```
In [15]: def recalculate_centroids(df):
             new_centroids_dict={}
             for clu_id in range(cluster_num):
                 df_clus_id=df[df['cluster']==clu_id]
                 mean_ppg=df_clus_id['ppg'].mean()
                 mean_atr=df_clus_id['atr'].mean()
                 new_centroids_dict[clu_id]=[mean_ppg,mean_
                                             atr]

             return new_centroids_dict
```

定义用来计算旧的中心与新的中心的差别的函数，聚类过程中使用这个函数来判定聚类效果，当差别小于指定的值时停止继续迭代。

```
In [16]: def centroids_change(centroids_dict,centroids_dict_new):
             centr_change=0
             for clu_id in range(cluster_num):
                 centr_change+=calculate_distance(centroids_
                         dict[clu_id],centroids_dictnew
                         [clu_id])
             return centr_change
```

调用上面定义的函数进行迭代，当中心不再变化后停止迭代并显示聚类结果（图5-7）。

```
In [17]: centroids_dict = centroids_to_dict(centroids)
In [18]: nba['cluster']=nba.apply(assign_to_cluster,axis=1)
In [19]: visualize_clusters(nba,5)
In [23]: centroids_dict_new = recalculate_centroids(nba)
In [24]: centr_change=1
In [25]: while centr_change>0:
             centroids_dict=centroids_dict_new
             nba['cluster']=nba.apply(assign_to_cluster,axis=1)
             centroids_dict_new = recalculate_centroids(nba)
             centr_change=centroids_change(centroids_dict,
                 centroids_dict_new)

In [27]: visualize_clusters(nba,cluster_num)
```

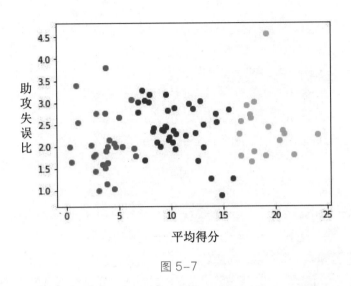

图 5-7

上述过程完整地实现了 k- 平均聚类的算法。前面已经提到过这种聚类方法的结果与初始中心的选取有关，只进行一次这样的聚类，聚类结果会有一定的偏差。Python 的 sklearn 库针对简单的 k- 平均聚类做了优化。例如，通过多次选取初始中心，参考多次聚类的结果输出最终的聚类结果，从而改善聚类效果。通过调用 sklearn 库来实现 k- 平均聚类只需要设置聚类的个数，数行代码就可以完成聚类工作。代码和相应的输出结果如图 5-8 所示。

```
In [1]: from sklearn.cluster import KMeans
In [2]: import pandas as pd
In [3]: import matplotlib.pyplot as plt
In [4]: def visualize_clusters(df,cluster_num):
            colors = ['b','g','r','c','m','y','k']
            for i in range(cluster_num):
                clustered_df = df[df['cluster'] == i]
                plt.scatter(clustered_df['ppg'],clustered_df
                        ['atr'],c=colors[i])
            plt.xlabel('Points Per Game',fontsize=12)
            plt.ylabel('Assist Turnover Ratio',fontsize=12)
```

```
        plt.show()

In [5]: cluster_num=5

In [6]: nba=pd.read_csv('nba_2013.csv')

In [7]: kmeans = KMeans(n_clusters=cluster_num)

In [8]: kmeans.fit(nba[['ppg','atr']])

Out[8]:

KMeans(algorithm='auto',copy_x=True,init='k-means++',max_iter
=300,n_clusters=5,n_init=10,n_jobs=1,precompute_distances='aut
o',random_state=None,tol=0.0001,verbose=0)

In [9]: nba['cluster'] = kmeans.labels_

In [10]: visualize_clusters(nba,cluster_num)
```

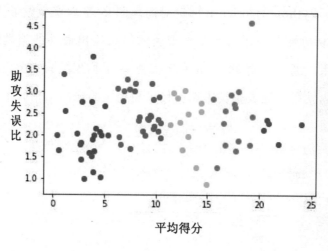

图 5-8

第六章

从感知器到神经网络：
识别鸢尾花

这一章将从人类大脑的神经元结构开始，介绍单层感知器与神经网络的来龙去脉，并以鸢尾花辨别为例，使用神经网络实现线性分类，这是深度学习技术的基础。

第一节　神经元与感知器

神经网络作为深度学习的基础，是受生物神经系统启发提出的一种模型，它在生物学基础上对神经系统处理信息的方式进行了适当地简化，实现了让机器具备"思考"和"学习"的能力。

大脑是人类拥有智慧的关键，虽然总体来说，现代科技水平距离完全了解大脑的运行机制还相差甚远，但是结合生物学、物理、化学等分析方法，对大脑的研究也在不断地取得进展。

神经元是构成生物神经系统的基本单元，最新的研究成果表明，人类大脑大约由 860 亿个神经元构成，这是一个非常庞大和复杂的系统，为了更好地理解人工神经网络的原理，接下来简单地描述神经元的结构和工作方式。神经元的主要部分包括细胞体、树突和轴突，轴突末端有许多神经末梢在需要传递信息时可与其他神经元进行接触，被称为突触。神经元之间有几种不同的连接方式，以轴突——树突型为例，神经元通过树突与其他神经元的突触接触，接收其他神经元发出的神经信号（电脉冲），并对信号进行整合，如果整合后的信号超过某个阈值，则该细胞被激活并产生一个电脉冲信号沿轴突向其他神经元传递，这构成了一个完整的输入输出过

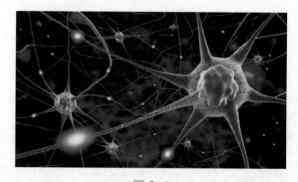

图 6-1

程（图 6-1）。

依据生物神经网络的这种工作方式，心理学家、控制论专家沃伦·麦卡洛克和数理逻辑学家瓦尔特·皮茨在 1943 年提出了人工神经网络（Artificial Neural Network，ANN）的概念和人工神经元的数学模型，开创了人工神经网络研究的时代。唐纳德·赫布在 1949 年提出的神经心理学理论，给出了神经元模型的学习法则。沿着这个方向，康奈尔航空实验室的心理学家弗兰克·罗斯布拉特认为通过模拟大脑的这种工作方式可以创造出识别物体的机器，并将其称为"感知器"。他在实验室完成了感知器的仿真，使得计算机能够识别一些字母。据 1958 年的《纽约时报》报道，"……一种电子计算机的雏形，它将能够走路、说话、看、写、自我复制并感知到自己的存在……据预测，不久以后，感知器将能够识别并叫出人的名字，能把演讲内容立即翻译成另外一种语言并记录下来"。这些事情在当时看起来似乎遥不可及，但是在深度学习理论大行其道的今天，这些其实都已经变成了现实，这也在某种程度上体现了他对感知器理论深刻的预见性。

按照现代神经网络理论，感知器可以看作是具有单层计算单元的神经网络。如图 6-2 所示，对比生物神经元的工作方式，可以按如下方式理解一个感知器（做了适当的简化）。

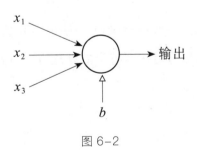

图 6-2

其中 x_1，x_2，x_3 是其他三个神经元传递来的信息，b 是外部作用带来的偏置，简单起见，也可以理解为从外部传递的信息。由于神经元之间的连接方式不同，造成不同来源的信息在传递过程中突触对信息的加强或者衰减作

用不同，这种差异在人工模拟时是通过使用不同的连接权重 ω_1，ω_2 和 ω_3 来体现的。为了记号的统一，接下来把 b 记为 ω_0，用 $x_0=1$ 表示对应的输入。有了上述的记号，这个人工模拟的神经细胞接收到的信息就可以写成

$$v=x_0\omega_0+x_1\omega_1+x_2\omega_2+x_3\omega_3$$

对于输入的信息，神经细胞存在不同的处理机制。在人工模拟时，是通过使用不同的函数来表示这些处理机制的，这些函数称为激活函数。下面介绍一种简单的激活函数，它的定义为

$$Y=f(v)=\begin{cases} 1, & v>0 \\ -1, & v\leqslant 0 \end{cases}$$

这表示当神经细胞接收到的输入信息 $v>0$ 时，输出为 1；当输入信息 $v\leqslant 0$ 时，输出为 -1。更一般地，当有 n 个输入信息 x_1，x_2，$\cdots$，x_n 并对应到 n 个连接权重 ω_1，ω_2，$\cdots$，ω_n 时，一个一般的感知器的数学模型可以表示为

$$Y=f\left(\sum_{k=0}^{n}x_k\omega_k\right)$$

它表达的含义是输入一些信号 (x)，使用不同的连接强度 (ω) 传递给感知器，感知器接收到信号后按照特定的处理方式 (f) 处理并输出。

第二节　单层感知器与线性分类

单层感知器适用于解决线性可分问题，这是前文反复提到的分类问题的一种。简单地说，当平面上的两类数据可以用一条直线（称为决策边界）分开时，就称其为线性可分的，如图 6-3 所示。在这一节，将以一个简单的线性分类问题为例，介绍感知器的学习算法。

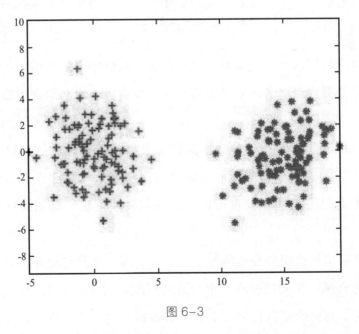

图 6-3

这个实例所采用的数据集来自机器学习领域的经典数据集——鸢尾花数据集（Iris 数据集）。在各种分类问题中，经常会采用这个数据集作为训练数据和测试数据。相应的数据可从教材的资源平台下载。

下载数据后打开，会发现该数据集包括 3 类共 150 条数据，其中每类各含 50 条数据。这 3 类数据描述了山鸢尾（*iris setosa*）、杂色鸢尾（*iris versicolour*）和弗吉尼亚鸢尾（*iris virginica*）3 种鸢尾花的 4 个特征属性，分别是花萼长度（Sepal Length）、花萼宽度（Sepal Width）、花瓣长度（Petal Length）和花瓣宽度（Petal Width）。数据形式如表 6-1 所示。

表 6-1

Sepal Length	Sepal Width	Petal Length	Petal Width	Species
5.1	3.5	1.4	0.2	setosa
4.9	3	1.4	0.2	setosa
4.7	3.2	1.3	0.2	setosa
4.6	3.1	1.5	0.2	setosa
7	3.2	4.7	1.4	versicolor
6.4	3.2	4.5	1.5	versicolor
6.9	3.1	4.9	1.5	versicolor
5.5	2.3	4	1.3	versicolor
6.5	2.8	4.6	1.5	versicolor

接下来的目标是使用感知器，通过在这个数据集上进行训练，给出一个分类器。分类器根据一个未知类型的鸢尾花数据可以自动识别出它所属的鸢尾种类。

神经网络的学习过程，就是根据训练数据学习合适的连接权重，从而可以使用合适的连接权重来提取正确的类别特征。什么叫作合适的连接权重呢？当然是当一组连接权重可以通过特征属性输出正确的类别时，就是合适的。

为了更简单地说明神经网络的学习法则，接下来只考虑两类鸢尾——山鸢尾和杂色鸢尾，把问题变成一个二分类问题。用 -1 表示山鸢尾，用 1 表示杂色鸢尾。每一个输入信息（即每一条数据）包含 4 个特征属性值和 1 个类别值。两类数据一共有 100 条，可以写成

$$X=\{ (x^1, c^1), (x^2, c^2), \cdots, (x^{100}, c^{100}) \}$$

其中 $x^i=(x_1^i,\ x_2^i,\ x_3^i,\ x_4^i)$，$c^i=1$ 或 -1。例如，上表的示例数据中的第一行，即是 $(x^1,\ c^1)=(\,(5.1,\ 3.5,\ 1.4,\ 0.2),\ 1)$。

为了使学习过程可以开始，需要先给定连接权重的初始值，记为 $\omega^0=(\omega_0^0,\ \omega_1^0,\ \omega_2^0,\ \omega_3^0,\ \omega_4^0)$，其中第一个分量始终等于 b^0，即偏置。假设现在输入第 i 条数据 (x^i,c^i) 作为输入数据，此时感知器接收到的信息就是

$$v_0=<x^i,\omega^0>=\sum_{k=0}^{4}x_k^i\omega_k^0$$

其中 $<x^i,\ \omega^0>$ 表示这两个向量的内积。使用上一节定义的函数作为激活函数，则感知器的输出为

$$y_0=\begin{cases}1,\ v_0>0\\-1,\ v_0\leqslant0\end{cases}$$

此时输出的结果与这条数据对应的真实类别值不一定相符，这是因为初始的连接权重并不合适，所以需要对它进行调整。接下来通过比较 c^i 与 y_0 来调整连接权重。共有如下四种情况。

① $c^i=1$，$y_0=1$，输出的类别正确，保持权重不变 $\omega^1=\omega^0$；

② $c^i=-1$，$y_0=-1$，输出的类别正确，保持权重不变 $\omega^1=\omega^0$；

③ $c^i=1$，$y_0=-1$，输出的类别错误，应当调整权重使得 v_0 增大。由于 $\langle x^i,(\omega^0-\eta x^i)\rangle=\langle x^i,\omega^0\rangle-\eta\sum_{k=0}^{4}(x_k^i)^2\geqslant\langle x^i,\omega^0\rangle$，可以调整权重为 $\omega^1=\omega^0+\eta x^i$；

④ $c^i=-1$，$y_0=1$，输出的类别错误，应当调整权重使得 v_0 减少。由于 $\langle x^i,(\omega^0-\eta x^i)\rangle=\langle x^i,\omega^0\rangle-\eta\sum_{k=0}^{4}(x_k^i)^2\leqslant\langle x^i,\omega^0\rangle$，可以调整权重为 $\omega^1=\omega^0-\eta x^i$。

其中 ω^1 表示调整后的权重，η 是一个大于零的正数，叫作学习速率。上述工作流程可以不断地迭代下去（由 ω^k 推出 ω^{k+1}），直到感知器输出的所有分类信息都是正确的，就可以停止更新权重，得到一个可用的分类器。当然在很多实际任务中，感知器即使经过很多次迭代，也未必能输出完全正确的分类信息，此时如果输出分类信息的正确率达到事先指定的水平，也可以停

止继续迭代。

在上述工作流程中，可以通过随机数给出初始权重。实际上初始权重还有其他的指定方法，不同的初始权重对于算法的收敛性和收敛速度都会产生影响。更新权重的过程中出现的学习速率，也是一个重要的参数，它设定得过大可能会造成算法不收敛，设定得过小会减慢收敛速度。这种权重的更新方式可以通过严格的数学推理得出，它是神经网络中基本的学习方法，叫作梯度下降。它所依赖的数学知识是函数的导数，因为需要用到多元函数的导数，所以这里略去了它的严格推导过程。

影响神经网络算法收敛性和收敛速度的因素还有很多。参数设置不当或者算法不适用于所考虑的问题，都可能导致不收敛或者收敛速度过慢，读者可以在将来的实践操作中进行学习。但是需要说明的是，对于线性可分的问题，早在 1958 年，罗斯布拉特就已经严格证明了上述算法经过有限步的迭代一定会收敛到一个正确的分类器。

下面在鸢尾花数据上使用感知器算法实现分类。如果使用 4 个特征属性解决鸢尾花的三分类问题，其实问题是非线性可分的。为了把它变成一个单层感知器可以解决的问题，接下来只关心山鸢尾和杂色鸢尾两类数据，并且只使用其中的花萼长度和花瓣长度两个特征属性进行分类。首先需要导入将要使用的库，其中 pandas 用来处理和分析数据，numpy 用来做数组与矩阵的运算，matplotlib 用来做数据可视化。另外，为了简单起见，这里直接使用 sklearn 提供的感知器算法。

```
In [1]: import pandas as pd

In [2]: import numpy as np

In [3]: import matplotlib.pyplot as plt
```

```
In [4]: import matplotlib as mat

In [5]: from matplotlib.colors import ListedColormap

In [6]: from sklearn.linear_model import Perceptron
```

在 Python 使用 matplotlib 画图时，在图中使用中文说明会增强图的可读性，但如果直接用中文进行说明，会显示乱码。为了解决这个问题，可以事先指定中文字体，在画图过程中需要使用中文时，可以直接调用这个字体，就不会有乱码问题了。

```
In [7]: font=mat.font_manager.FontProperties(fname='C:\Wind
            ows\Fonts\simsun.ttc')
```

从文件夹读取数据集，打印最后 5 条数据和数据形状，以熟悉接下来需要进行分析的数据的存储格式。

```
In [8]: data=pd.read_csv("iris.csv",header=None)
In [9]: print(data.tail(n=5))
      0    1    2    3    4      5
146 146.0  6.7  3    5.2  2.3  virginica
147 147.0  6.3  2.5  5.1  9    virginica
148 148.0  6.5  3    5.2  2    virginica
149 149.0  6.2  3.4  5.4  2.3  virginica
150 150.0  5.9  3    5.1  1.8  virginica

In [10]: print(data.shape)
(151,6)
```

为了让读者更熟悉 Python 处理数据的方式，在这个案例中，将从整个鸢尾花数据集中抽取需要使用的类别和特征属性数据。

```
In [11]: flower_class=data.iloc[1:101,5].values
```

```
In [12]: flower_class=np.where(flower_class=="setosa",-1,1)
```

```
In [13]: flower_shape=data.iloc[1:101,[1,3]].values
```

在上述数据抽取的过程中，有几点需要注意。在 Python 中数据编号是从 0 开始的。例如，想读取第 1 条数据，那么在代码中应该告诉 Python 你想读取的数据编号是 0，如果想读取第 9 条数据，那么告诉 Python 的数据编号应该是 8。案例需要分析的是鸢尾花数据的前两类，一共 100 条数据。在下载的数据集中，第一行是数据项的名称，所以应该读取第 2 到第 101 条。因此在 In[11] 中，告诉 Python 的数据编号是 "1:101"（不含 101）。类别数据在表格中位于第 6 列，所以代码中的列编号为 "5"。类似地，花萼长度和花瓣长度位于表格的第 2 列和第 4 列，所以在 In[13] 中告诉 Python 的编号是 1 和 3。In[12] 中，把类别 "setosa" 和 "versicolour" 转换成了 −1 和 1，它的意思是，如果是 setosa，则类别为 −1，否则为 1。

接下来定义绘制数据散点图的函数，通过 data_show( ) 调用函数显示散点图（图 6-4）。

```
In [14]: def data_show():
             plt.title(" 鸢尾花散点图 ",fontproperties=font)
             plt.xlabel(" 花瓣长度 ",fontproperties=font)
             plt.ylabel(" 萼片长度 ",fontproperties=font)
             plt.legend(loc="upper left")
             plt.show()
```

```
In [15]: data_show( )
```

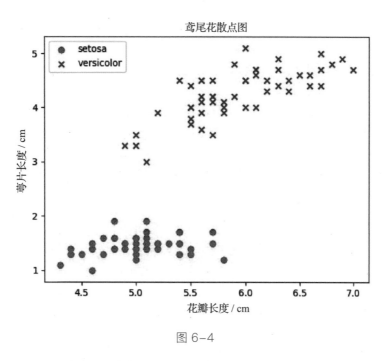

图 6-4

利用 sklearn 提供的感知器，对抽取出的数据进行学习。学习过程一共迭代 10 次，学习速率设定为 0.1。

```
In [16]: flower_classifier=Perceptron(n_iter=10,eta0=0.1)
In [17]: flower_classifier.fit(flower_shape,flower_class)
Out[17]:
Perceptron(alpha=0.0001,class_weight=None,eta0=0.1,fit_interce
         pt=True,n_iter=10,n_jobs=1,penalty=None,random_stat
         e=0,shuffle=True,verbose=0,warm_start=False)
```

学习完毕后，计算学习结果的准确率。可以看到准确率为 100%（1.0）。这表明，学习结束后得到的模型在这个数据集上的分类准确率是 100%，也就是对这些数据可以给出完全正确的分类。通常应该把数据集划分为训练集和检测集，通过训练集学习，再通过检测集评估结果。在这个案例中没有把数据划分为两个部分。一是因为这个问题比较简单，二是可用的数据较少。

```
In [18]: accuracy=flower_classifier.score(flower_shape,flower_class)
In [19]: print(accuracy)
    1.0
```

可以定义一个绘图函数，来显示这个分类器的决策边界。结果显示如图6-5 所示。

```
In [20]: def plot_decision_regions(x,y,classifier,resolution=0.2):
         markers = ('s','x','o','^','v')
         colors = ('red','blue','lightgreen','gray','cyan')
         listedColormap = ListedColormap(colors[:len(np.
                              unique(y))])
         x1_min=0
         x1_max=8
         x2_min=0
         x2_max=6
         new_x1 = np.arange(x1_min,x1_max,resolution)
         new_x2 = np.arange(x2_min,x2_max,resolution)
         xx1,xx2 = np.meshgrid(new_x1,new_x2)
         z = classifier.predict(np.array([xx1.ravel(),xx2.
                              ravel()]).T)
         z = z.reshape(xx1.shape)
         plt.contourf(xx1,xx2,z,alpha=0.4,camp=listedColor
                     map)
         plt.xlim(xx1.min(),xx1.max())
         plt.ylim(xx2.min(),xx2.max())
```

```
for idx,c1 in enumerate(np.unique(y)):
    plt.scatter(x=x[y == c1,0],y=x[y == c1,1],alpha=0.8,
        c=listedColormap(idx),marker=markers[id
        x],label=c1)
```

```
In [21]: def decision_regions_show():
    plot_decision_regions(flower_shape,flower_class,
        classifier=flower_classifier)
    plt.title(" 鸢尾花花瓣、花萼边界分割 ",fontproperties=
        font)
    plt.xlabel(" 花瓣长度 [cm]",fontproperties=font)
    plt.ylabel(" 花萼长度 [cm]",fontproperties=font)
    plt.legend(loc="upper left")
    plt.show()
```

```
In [22]: decision_regions_show()
```

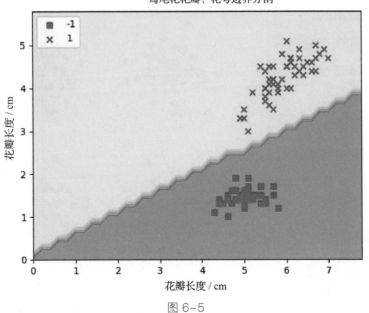

图 6-5

第三节　单层感知器的局限性及深度网络

虽然罗斯布拉特最初对单层感知器抱有巨大的期望，但后来发现它并不能解决复杂的分类问题。1969 年，马文·明斯基和西摩尔·派普特在他们关于感知器的专著《感知器》（*Perceptrons*）中证明，这种单层感知器只能解决线性可分问题，却处理不了非线性分类问题。例如，平面上的 4 个点，（0，0）和（1，1）是一类，（0，1）和（1，0）是另一类。这样一个非常简单的关于 4 个点的二分类问题，使用单层感知器并不能给出正确的分类，原因就在于这样的分类问题是非线性可分的。读者可以从鸢尾花数据集中，选取不同于上节案例中的花的种类和特征属性，尝试用单层感知器算法分类，会发现并不总是能够给出具有很高的准确率的分类。某些情况下，无论迭代多少次，学习速率设定为多大，总是存在一部分不能正确分

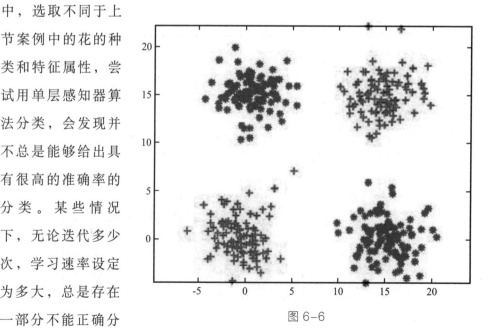

图 6-6

类的数据。

在上一节我们通过实例对线性可分问题已经有所了解，而非线性可分问题通过上面的图片可以直观地看到它的含义。在图 6-6 中，红蓝两类数据无法通过一条直线分开，这就是非线性可分问题。

现实生活中遇到的大量问题都是线性不可分的，由于单层感知器对处理这类问题束手无策，造成人工神经网络理论在一段时间内陷入了低谷。那么感知器理论是否真的不能处理这样的问题呢？其实不然，研究者发现，通过增加神经网络的层数，可以很好地解决非线性分类问题。可以简单地认为，通过设计复杂的多层神经网络，使得最终网络输出的结果就是多层网络复合后得到的结果。其中每一层网络负责提取所处理的问题的不同特征，最终把多层网络抽取的特征复合起来，就能够较好地表达问题中复杂的非线性特征了。

实践证明这样的想法是行之有效的，由此推动了多层神经网络技术的发展。一个简单的神经网络包括一个输入层、一个隐藏层和一个输出层，如图 6-7 所示。

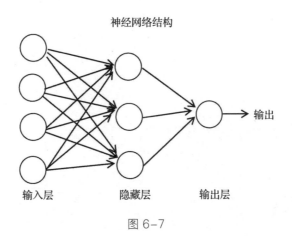

图 6-7

这种简单的网络还不能具备强大的"思考能力"。随着网络层数的增加，它对复杂特征的抽取能力会逐渐增强。通常具有两个以上的隐藏层的神经网络被称为深度神经网络，如图 6-8、图 6-9 所示。针对这种网络的学习技术就是当前人工智能的主流技术——深度学习。下一章将会具体介绍深度学习以及它的简单应用。

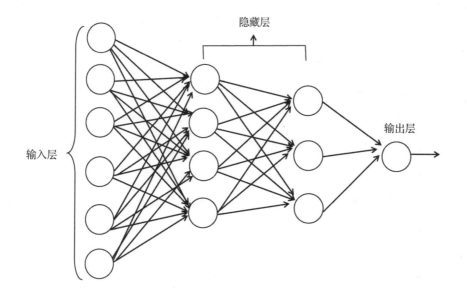

图 6-8

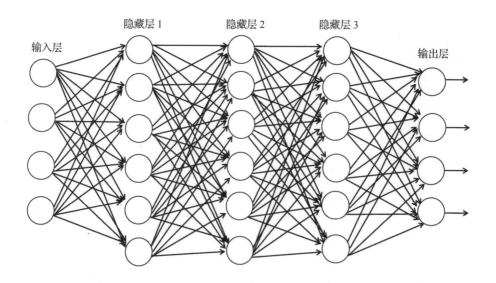

图 6-9

第七章

深度学习初探：手写数字识别

2016 年，阿尔法狗（AlphaGo）击败了最优秀的人类围棋选手之一，这是人工智能发展史中一项非凡的成就。机器是如何掌握这个古老的中国战略游戏中复杂的战略思想和细微的用子差别的呢？要知道围棋的空间状态的复杂性数量级大概是 10^{170}，这甚至远远超过了宇宙中所有原子的数量。其实它的秘密就是这一章将要讲述的内容——深度学习。

第一节　深度学习简介

深度学习并非是某个人凭空创造出来的，而是在数十年人工智能研究工作的基础上，经过几代人的努力逐渐发展并趋向成熟的。例如，加拿大的杰弗里·辛顿（Geoffrey E.Hinton）（图 7-1），他发明的反向传播算法（BP 算法）是深度学习的基础算法，同时他也是深度学习的积极推动者；扬·勒丘恩是卷积神经网络的领军人物，他对卷积神经网络（CNN）使用反向传播算法并使其达到了能够真正实用的水平；约书亚·本吉奥推动了递归神经网络（RNN）的研究并将其应用于语言模型、机器翻译等；伊恩·古德费洛发明了生成对抗网络（GAN），使得两个神经网络可以通过互相博弈的方式进行学习。直接为深度学习做出重要贡献的学者名单还可以列出一大串，经过他们的不懈努力，短短十多年的时间，深度学习已经成为当前人工智能的主要方法。

图 7-1　深度学习之父、加拿大多伦多大学辛顿教授

现在深度学习在人工智能的各个领域都有应用，并且在几乎所有数据庞大、结构复杂的问题中，都颠覆性地超越了以往方法，被称为新一代人工智能。深度学习可以分为监督学习和无（半）监督学习。无监督学习与人类的学习方式更接近，吸引了很多研究者的目光，并且在不断取得突破，但还不是非常成熟的方法。监督学习已取得巨大的成功，是现在已投入使用的主流方法，本教材介绍的内容将以监督学习方法为主。

一个成功的人工智能系统，可以准确地提取数据中的特征。例如，分类问题，可以看作是从数据到类别的映射，分类的过程就是寻找恰当的映射机制的过程。以图像识别为例，一个线性分类器或者其他能识别浅层特征的分类器也许能够分辨出猫和狗的照片不是同一类，但如果金毛犬和拉布拉多犬以相同的姿态出现在两张照片的同一个位置，浅层分类器很可能就不能给出良好的映射机制。为了加强分类能力，传统的方法是人工设计更好的特征提取器，这就需要大量的工程技术和专业领域知识，此外还可以使用核方法这类技术来泛化非线性特性，但这些做法的效果并不是很好。

深度学习同样是学习原始数据的内在特征，但是它是通过对简单的网络结构进行组合，实现对复杂的数据特征进行分层次的、抽象的表达。更重要的是，这个学习表达的过程是通过通用的方式自动实现的，并不需要人工干涉和专业知识。这是深度学习的关键优势。

此外，深度学习与传统的人工智能方法还有如下主要区别。

(1) 深度学习所面对的问题一般更加复杂

深度学习所处理的数据包括图片、声音，甚至视频（当然也包括通过表格存储的经典数据）。这样的数据叫作非结构化数据，通常具有非常高的维度，或者说数据的属性非常多。

(2) 深度学习处理的分类问题通常类别较多

例如，在识别图片中的物体这样的任务中，需要一个能识别庞大类别的

分类器。这是因为在图片中可能出现的物体千差万别，只要有可能出现在图片中，就需要能够把它识别出来。

(3) 深度学习的训练数据规模庞大

从当前深度学习的工程经验看，识别一个类别至少需要数千个样本，由此推断，能识别 1 000 个类别的深度学习分类器，大概需要百万级别的样本数据。

深度学习使用的网络结构有很多种，接下来将选取其中具有代表性也是取得了巨大成功的两种网络结构——卷积神经网络（CNN）和递归神经网络（RNN）应用于具体案例。本章使用卷积神经网络实现手写数字识别，接下来的两章中，将使用它们分别实现人脸识别和文本情绪识别。

第二节　Keras 简介与使用

深度学习可用的工具很多，例如，Google 开发的深度学习平台 TensorFlow。但是 TensorFlow 使用起来相对复杂，所以本教材使用易用性更好的 Keras 来讲解深度学习的具体实现。

Keras 是由纯 Python 编写的深度学习框架，使用 TensorFlow、Pytorch 或者 CNTK 作为后端运行。用纯 Python 编写意味着所有的 Keras 代码都是通过 Python 语句实现的，可以通过 Python 的代码编辑工具打开源代码进行学习。在学习 Python 编程的过程中，阅读 Keras 经典模块的 Python 代码是一种非常好的学习方式。

在 Keras 开发团队写的官方文档中，他们详细说明了设计 Keras 时遵循的原则。

(1) 用户友好

Keras 是为人类而不是"天顶星人"[①]设计的 API，用户的使用体验始终是我们考虑的首要和中心内容。Keras 遵循减少认知困难的最佳实践：Keras 提供一致而简洁的 API，能够极大减少一般应用下用户的工作量，同时，Keras 还提供清晰和具有实践意义的 bug 反馈。

(2) 模块性

模型可理解为一个层的序列或数据的运算图，完全可配置的模块可以用

---

① "天顶星人"是上海电视台 1991 年译制的科幻动画片《太空堡垒》（*ROBO TECH*）中对 zentraedi 一词的翻译。

最少的代价自由组合在一起。具体而言，网络层、损失函数、优化器、初始化策略、激活函数、正则化方法都是独立的模块，你可以使用它们来构建自己的模型。

(3) 易扩展性

添加新模块超级容易，只需要仿照现有的模块编写新的类或函数即可。创建新模块的便利性使得 Keras 更适合于先进的研究工作。

(4) 与 Python 协作

Keras 没有单独的模型配置文件类型（作为对比，caffe 有），模型由 Python 代码描述，这样可以使其更紧凑和更易 debug，也更易扩展。

作为一种高级深度学习工具，Keras 构造深度学习网络简单直接、容易阅读，同时它能够自动构建层与层之间的连接，更便于学习者体会深度学习的能力。选用 Keras 作为深度学习的入门工具的原因如下。

数学知识较少的前提下，Keras 可以进行简易和快速的原型设计，因为它具有高度模块化、极简和可扩充的特性。这里的模块化意味着可以直接调用许多模块，只需要知道模块的输入输出，而不必关心模块是如何实现的。通俗地讲，这种模块化的特性使得构建深度学习模型变得像搭积木一样容易。

Keras 可以很方便地构建深度学习的两种重要的深度神经网络——卷积神经网络和递归神经网络，并且支持它们的组合。

深度学习的计算很多时候需要使用 GPU，Keras 可以在 CPU 和 GPU 之间实现无缝切换，这意味着使用者不必关心具体是通过 CPU 还是 GPU 计算，只需要关心训练结果即可。

图 7-2 给出了 Keras 的模块结构，其中有些是比较复杂的，读者现在还不需要完全了解它们，只需要了解到它们大致分成了下述六个部分，请结合后续的实例理解各个模块的含义和作用。

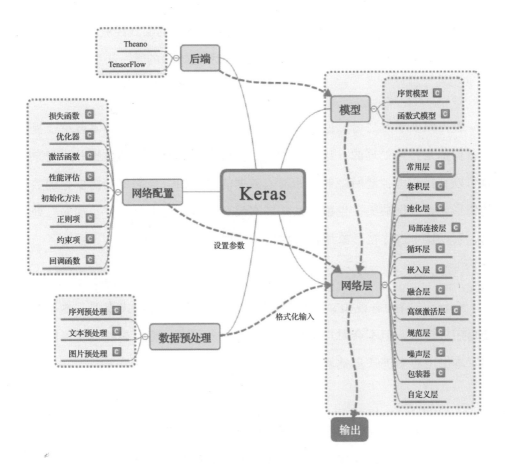

图 7-2　Keras 的模块结构（来自 Keras 文档）

(1) 后端

后端相当于底层计算接口，所有 Keras 编写的程序最后都会转化成 TensorFlow 的程序来运行。更直观地说，后端可以看作 Keras 和 TensorFlow 之间的翻译器，而 Keras 会自动完成这个翻译过程。

(2) 网络配置

顾名思义，网络配置是与网络结构有关的各种参数。这里的网络指的是深度学习中的深度神经网络，可以将深度网络比喻成高楼大厦，这一部分就是与高楼大厦有关的各种结构和参数。例如，楼有几层，使用什么材料建造，每层层高多少米等。需要说明的是，这一部分并没有看起来那么简单，甚至某种意

义上这部分是深度学习的精华和难点，往往需要多年的实践经验才能针对特定问题给出恰当的网络配置。读者们可以慢慢加强这方面的学习和思考。

(3) 数据预处理

进行深度学习之前，通常要对数据进行处理。需要注意，本教材所提供的数据都是经过处理的，这是理想状况。很多实际问题中的数据并不是拿来就可以直接作为神经网络的原始输入数据的。例如，最简单的需要处理数据的情形就是数据缺失，也就是某些样本没有数值，这也是需要"预先"处理的，所以这个过程被形象地称为数据预处理。

(4) 模型

Keras 支持两种模型，一种是序贯模型，一种是函数式模型。本书主要使用序贯模型，但不会对这两种模型进行深入探讨。感兴趣的读者可以在掌握了本书内容后进一步学习。

(5) 网络层

Keras 支持大多数深度学习所使用的"网络层"。这些网络层可以形象地比喻成建筑用的各种建筑工具，如房梁、钢骨等，由它们构成最终的深度神经网络。

(6) 输出

输出是给出深度学习最终结果的部分。例如，通过输出 0 和 1 来表示蘑菇是否有毒，0 表示有毒，而 1 表示可食用。

使用 Keras 同样需要安装。在 Window 下安装 Keras 并不麻烦，但是由于 Keras 需要 TensorFlow 的支持，所以安装 Keras 之前需要先安装 TensorFlow。TensorFlow 有 CPU 版和 GPU 版两种选择，首先需要判断你的设备是否支持显卡计算，这就决定了你需要安装哪一种 TensorFlow。可通过英伟达（NVIDIA）官网查询支持显卡计算的显卡列表。如你的显卡出现在列表中，建议安装 GPU 版，因为在很多情况下，这会大大加速计算过程。否则只能安装 CPU 版。

在 Windows 10 中，可通过"设备管理器"查看显卡型号，如图 7-3 所示。其中在显示适配器（GPU）中可以看到计算机的显卡型号。以图 7-3 为例，显示该机器有两块显卡，一块是 Intel 自带的显卡 G620，一块是 NVIDIA 的 Geforce GTX 1060，其中第二块显卡是支持 GPU 计算的。如果想使用它，就需要安装 GPU 版的 TensorFlow。

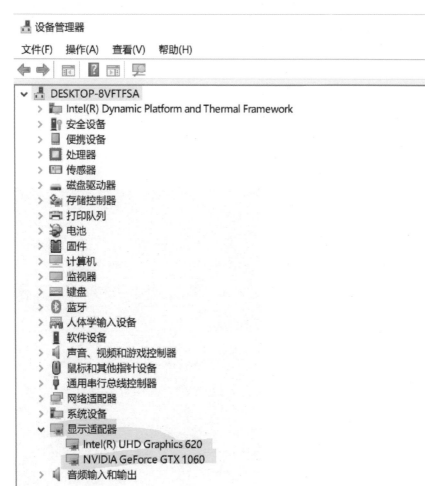

图 7-3　设备管理器示意图（突出显示的部分就是显卡）

因为 CPU 版的 TensorFlow 安装更简单，所以下面以 GPU 版为例说明安装过程。在 Windows 中，Keras 的整个安装过程比较复杂，一共分成 9 步，且顺序不能随意改变。具体步骤如下。

①下载并安装 Python 发行版，如 WinPython 或者 Anaconda，具体细节可以参考第二章。

②为了加快安装过程中所需模块的下载速度，请添加国内镜像。以添加清华大学提供的镜像源为例，在用户文件夹 C:\Users\math（math 是笔者计算机上的目录名称）建立 pip.ini 文件。

```
[global]
index-url = https://mirrors.tuna.tsinghua.edu.cn/
[install]
trusted-host=https://mirrors.tuna.tsinghua.edu.cn/
```

③非常重要的是，GPU 计算需要利用 C++，这需要下载 Visual Studio 2015（注意，在本书编写过程中，该版本是最适合的，不要安装更高版本），图 7-4 显示了安装过程。

④接下来从 NVIDIA 的开发者网站下载 CUDA 并安装，需要注意 TensorFlow 1.7 对应的 CUDA 版本是 9.0（不要下载 9.1 版本）。而如果安装的是 TensorFlow 1.2，则需要安装 CUDA 8.0。

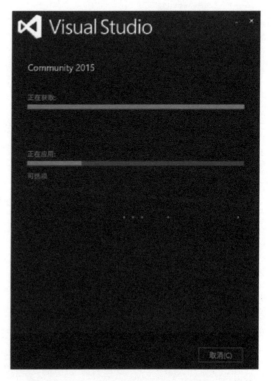

图 7-4　Visual Studio Community 安装

⑤接下来安装 CUDNN 7.1，它也可以从 NVIDIA 开发者网站下载。将下载的 CUDNN 解压，解压后有三个文件夹，分别是 bin、include 和 lib，将它们放到 Program Files/NVIDIA GPU Computing Tookit/CUDA/v9.0 中，如图 7-5 所示。

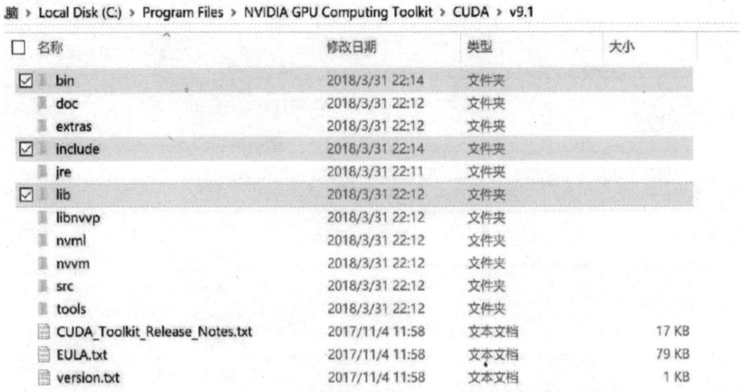

图 7-5　配置示意图

⑥安装 GPU 版的 TensorFlow。从 TensorFlow 官网下载最新的 GPU 版本，通过在命令行窗口输入

```
pip install tensorflow_gpu-1.7.0-cp36-cp36m-win_amd64.whl
```

安装所需的 GPU 版 TensorFlow。

这里 tensorflow_gpu-1.7.0-cp36-cp36m-win_amd64.whl 是下载的文件名，其中的 1.7.0 是版本号，版本不同会有所区别。

某些情况下可能需要更新 pip，这可以通过如下命令实现

```
python -m pip install -upgrade pip
```

图 7-6 显示的就是安装 TensorFlow 的过程。

图 7-6 安装 GPU 版 TensorFlow

⑦接下来通过下述方式查看 TensorFlow 是否安装完成。

```
In [45]: from TensorFlow.Python.client import device_libas
              _device_lib
In [46]: local_device_protos = _device_lib.list_local
                              _devices()
In [47]: local_device_protos
Out[47]:
[name: "/device:CPU:0"
device_type: "CPU"
memory_limit: 268435456
```

```
locality {}
incarnation: 1987868172902998319,name: "/device:GPU:0"
device_type: "GPU"
memory_limit: 4980893286
locality {
bus_id: 1
links {}
}
incarnation: 16631691530492819808
physical_device_desc: "device: 0,name: GeForce GTX 1060,pci
bus id: 0000:02:00.0,compute capability: 6.1"]
```

如果显示了类似的显卡配置，则说明安装顺利完成。

⑧查看 TensorFlow 是否已经支持 GPU 计算。可以通过如下命令在命令行窗口输出的结果中查看是否已经支持 GPU 计算（图 7-7）。

```
>>> import TensorFlow as tf
>>> a=tf.random_normal((100,100))
>>> b=tf.random_normal((100,500))
>>> c=tf.matmul(a,b)
>>> sess=tf.InteractiveSession()
>>> sess.run(c)
```

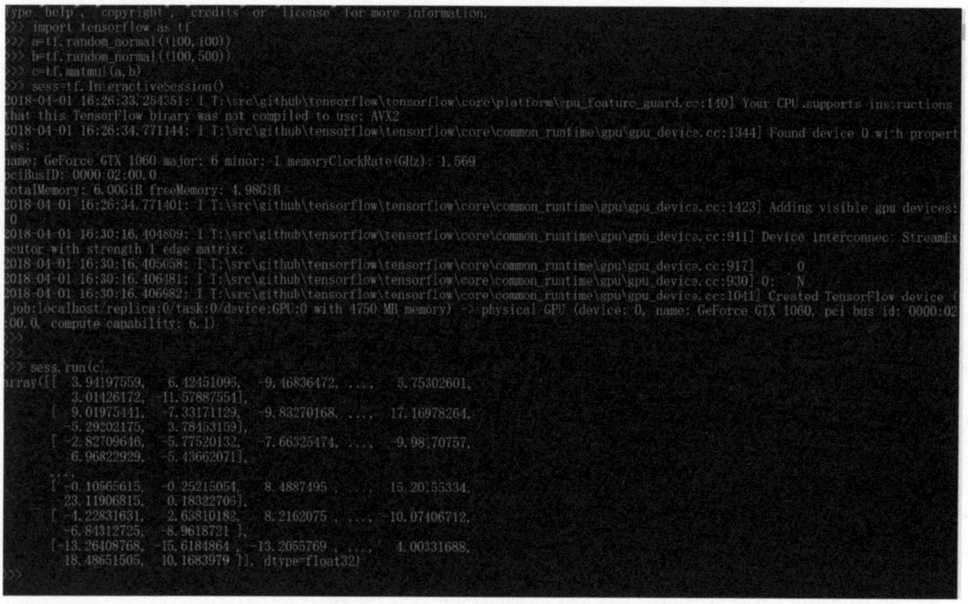

图 7-7　TensorFlow 计算体验

⑨安装完 TensorFlow 后，在命令行窗口使用如下命令

```
pip install keras
```

安装完 Keras，整个 Keras 环境就构建完毕了。

第三节 手写数字识别

使用 Keras 的流程如图 7-8 所示。

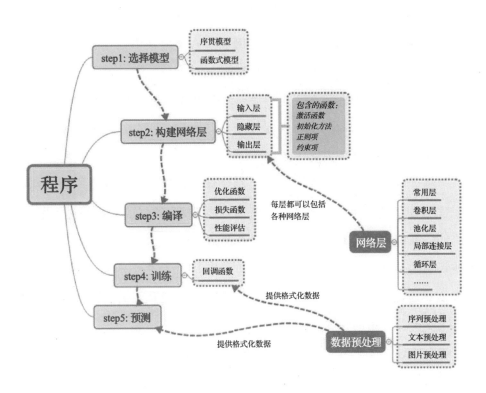

图 7-8 Keras 使用的过程

（1）选择模型

Keras 提供序贯式模型和函数式模型两种模型，在以下的例子中将使用序贯式模型。

（2）构建网络层

在以下的例子中使用了卷积网络层和丢弃层（Dropout）。

（3）编译

编译相当于进行搭建，可以使用 model.compile( ) 函数体验其作用。

（4）训练

这是耗费时间的步骤，通过训练计算出所有的网络参数，对应的函数是 model.fit( )。

（5）预测

这是使用模型解决问题的步骤。例如，一个用来识别花朵类型的网络，输入花朵图片之后，预测出该花朵的类别。

几乎所有智能手机都支持手写识别，即通过手指或手写笔在屏幕上进行书写，然后识别出所写的字符（图 7-9）。下面以手写数字识别为例讲解上述流程并具体实现这个识别任务。

传统计算机视觉方法中，识别手写字体是通过定义特征完成的。例如，某个手写数字带有两个封闭区域，就很可能是 8。这样的方法经过不断地特征总结，准确率可以超过 90%，这已经达到了可以实际应用的水平。但是当需要识别的类别变得更多的时候，例如，从 10 个数字增加到 3 900 个汉字，如果依然通过总结特征进行识别，那么识别率的提升就需要巨大的工作量，也很难提高到可用的程度。

然而通过深度学习，手写识别变成了一项简单的工作。这里的简单是指构建过程简单，但完成这个识别任务的整个工作并不容易，因为深度学习需要做大量的标注训练数据的工作。对手写数字来说，所谓的标注数据，就是通过人工标注各个手写图片到底是什么数字，从而建立图片和数字之间的映射关系（表 7-1）。

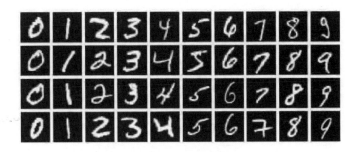

图 7-9　手写数字图片

表 7-1　图片标注

图片	标注
0	0
2	2
4	4
2	2
9	9

　　在这个案例中，使用的数据集是深度学习经常使用的数据集 MINST。这是一个手写数字数据库，包含 60 000 个训练样本和 10 000 个测试样本，每个样本图像的宽高为 28×28。需要注意的是，此数据集中的图片是以二进制存储的，不能直接以图像格式查看，不过很容易找到将其转换成图像格式的工具。

　　接下来的代码将引导读者下载数据、构建网络、训练网络。使用的网络

是在处理图片数据时非常有效的卷积神经网络。尽管这个案例搭建网络的过
程很简单，但是读者可以据此进行更深入地探索。这一节编写代码的方式与
前几章稍有不同，可以把它们保存成 .py 文件后直接运行，其中每一部分的
含义已经在相应位置做了详细注释。读者在掌握了基本方法后，还可以尝试
对参数进行调整，并观察调整后的识别效果，从而进一步理解这种方法。

```python
from __future__ import print_function
# 导入这个模块是增加 Python 不同版本之间兼容性的一种做法
import keras
# 导入 keras 模块
from keras.datasets import mnist
# 导入数据库函数，因为国内访问亚马逊云速度较慢，也可以不用这种方式下
# 载数据，而是从教材资源平台下载并读取数据
from keras.models import Sequential
# 使用 keras 的序贯模型
from keras.layers import Dense,Dropout,Flatten
from keras.layers import Conv2D,MaxPooling2D
# 导入需要使用的网络层，包括稠密层、Dropout 层、压平层、二维卷积层、
# 池化层
from keras import backend as K
# 导入后端


batch_size = 128
# 控制每个训练批次的数据大小的参数，读者可以调整并观察会产生什么变化
num_classes = 10
# 分类器类别数量。因为要识别 0 到 9 共 10 个手写数字，所以类别是 10
# 如果识别手写小写字母，则分类就是 26
epochs = 12
# 训练周期，读者可以调整并观察效果，训练周期越大，训练时间越长
```

```
img_rows,img_cols = 28,28
# 图片的长和宽的像素数
```

```
(x_train,y_train),(x_test,y_test) = mnist.load_data(path="D:\\mnist.npz")
```

```
# 如果方便访问亚马逊云，可以用 (x_train,y_train),(x_test,y_test) =
#mnist.load_data( ) 来自动下载数据。如果已经从教材资源平台将数据下载
# 到本地，# 假设保存在 D 盘根目录下，就使用上述命令形式。需要注意的是，
# 为了和 linux 兼容，windows 下的路径反斜杠 "\" 都要写成 "\\" 另外，
# 上述命令将数据分为训练数据和验证数据。无论是训练集还是验证集，都令 x
# 是输入数据，y 是输出数据
```

```
if K.image_data_format() == 'channels_first':
    x_train = x_train.reshape(x_train.shape[0],1,img_rows,img_cols)
    x_test = x_test.reshape(x_test.shape[0],1,img_rows,img_cols)
    input_shape = (1,img_rows,img_cols)
else:
    x_train = x_train.reshape(x_train.shape[0],img_rows,img_cols,1)
    x_test = x_test.reshape(x_test.shape[0],img_rows,img_cols,1)
    input_shape = (img_rows,img_cols,1)
# 因为 Theano 和 TensorFlow 定义的图片格式不同，这里针对不同的后台对
# 数据进行处理，读者暂且可以不用深究
```

```
x_train = x_train.astype('float32')
x_test = x_test.astype('float32')
x_train /= 255
x_test /= 255
print('x_train shape:',x_train.shape)
print(x_train.shape[0],'train samples')
print(x_test.shape[0],'test samples')
```

```
# 上述命令给出训练集和测试集的维度, 输出如下:
# x_train shape: (60000,28,28,1)
# 60000 train samples
# 10000 test samples


y_train = keras.utils.to_categorical(y_train,num_classes)
y_test = keras.utils.to_categorical(y_test,num_classes)
# 上述命令将训练数据和验证数据的类别转化成 keras 支持的格式


# 通过以下代码构建深度网络, 使用 2D 卷积层, 池化层、Dropout 层、压平
# 层等
model = Sequential()
model.add(Conv2D(32,kernel_size=(3,3),
                 activation='relu',
                 input_shape=input_shape))
model.add(Conv2D(64,(3,3),activation='relu'))
model.add(MaxPooling2D(pool_size=(2,2)))
model.add(Dropout(0.25))
model.add(Flatten())
model.add(Dense(128,activation='relu'))
model.add(Dropout(0.5))
model.add(Dense(num_classes,activation='softmax'))


# 上述深度网络包括两个卷积层, 输出如下:
#WARNING:TensorFlow:From C:\Python\WinPython-64bit-3.6.1.0Q
#t5\Python-3.6.1.amd64\lib\site-packages\keras\backend\
#TensorFlow_backend.py:1062: calling reduce_prod (from
#TensorFlow.Python.ops.math_ops) with keep_dims is
#deprecated and will #be removed in a future version.
#Instructions for updating:
```

```
#keep_dims is deprecated,use keepdims instead
```
这是一条警告命令，版本不同，警告信息可能也不同，提示内容是一些命令可
能在后续版本中将不予支持

```
model.compile(loss=keras.losses.categorical_crossentropy,
              optimizer=keras.optimizers.Adadelta(),
              metrics=['accuracy'])
```
使用以上代码进行网络具体搭建
一般也会输出类似的警告信息

```
model.fit(x_train,y_train,
          batch_size=batch_size,
          epochs=epochs,
          verbose=1,
          validation_data=(x_test,y_test))
```
使用上述代码进行模型训练，训练时长根据配置不同而不同

训练过程中会给出每次更新网络参数所需的时间、损失、精度等
因为训练过程有随机因素，所以读者训练的结果也许会有差别，不必纠结

```
Train on 60000 samples,validate on 10000 samples
Epoch 1/12
60000/60000 [==============================] - 131s - loss:
0.3303 - acc: 0.8998 - val_loss: 0.0758 - val_acc: 0.9766
Epoch 2/12
60000/60000 [==============================] - 9s - loss:
0.1106 - acc: 0.9676 - val_loss: 0.0522 - val_acc: 0.9825
Epoch 3/12
60000/60000 [==============================] - 9s - loss:
0.0831 - acc: 0.9746 - val_loss: 0.0405 - val_acc: 0.9870
```

```
Epoch 4/12
60000/60000 [==============================] - 9s - loss:
0.0677 - acc: 0.9798 - val_loss: 0.0360 - val_acc: 0.9873
Epoch 5/12
60000/60000 [==============================] - 9s - loss:
0.0595 - acc: 0.9821 - val_loss: 0.0353 - val_acc: 0.9875
Epoch 6/12
60000/60000 [==============================] - 10s - loss:
0.0556 - acc: 0.9837 - val_loss: 0.0327 - val_acc: 0.9891
Epoch 7/12
60000/60000 [==============================] - 12s - loss:
0.0481 - acc: 0.9855 - val_loss: 0.0292 - val_acc: 0.9896
Epoch 8/12
60000/60000 [==============================] - 14s - loss:
0.0453 - acc: 0.9860 - val_loss: 0.0299 - val_acc: 0.9897
Epoch 9/12
60000/60000 [==============================] - 17s - loss:
0.0420 - acc: 0.9868 - val_loss: 0.0297 - val_acc: 0.9899
Epoch 10/12
60000/60000 [==============================] - 17s - loss:
0.0395 - acc: 0.9878 - val_loss: 0.0289 - val_acc: 0.9904
Epoch 11/12
60000/60000 [==============================] - 17s - loss:
0.0376 - acc: 0.9885 - val_loss: 0.0278 - val_acc: 0.9914
Epoch 12/12
60000/60000 [==============================] - 15s - loss:
0.0357 - acc: 0.9885 - val_loss: 0.0268 - val_acc: 0.9909
<keras.callbacks.History at 0x206c7414dd8>


# 训练结果如下。同样，不同的配置和训练过程会导致总损失不同
# 读者实践过程中获得的数值一般不会与教材的示例完全一致
```

```
score = model.evaluate(x_test,y_test,verbose=0)
print('Test loss:',score[0])
# 使用总损失对模型进行评估，即评估该模型的效果，通过总损失表示
```

在本教材使用的计算机上，该训练样本的损失如下。

```
Test loss: 0.0268492490485
```

第八章

察言观色：人脸识别

人脸识别是深度学习竞争最激烈的应用领域之一，国内做人脸识别的企业既包括百度、腾讯、阿里巴巴等互联网巨头，也包括商汤、旷视等专注于人工智能的企业。本章介绍人脸识别的基础知识，然后讲解一个人脸识别的实践案例。

第一节　直方图与特征

人类只需要很短的时间，就可以记住一个人的样子，并在下次遇到他（她）的时候说出这个人的名字。但是对计算机来说，像人类一样识别人脸是很困难的任务。在深度学习之前，有很多技术尝试让计算机实现"识别"人脸的功能，但是效果都差强人意。现在在深度学习的支持下，人脸识别取得了巨大的成功，已经广泛应用于各类场景。例如，在金融支付领域，已经在越来越多地使用人脸识别技术，误差达到了亿分之一的水平。

那么人脸识别是如何做到的呢？人类是通过提取不同的个体所对应的人脸的特征后，根据这些特征进行识别。特征是学习过程中的重要概念，是一个对象区别于其他对象的地方，任何"识别"都需要通过找到这些"特征"才能完成。

例如，对于汽车来说，车标就是最好的特征之一，通过车标可以快速识别出它是什么品牌。进一步，如果想获得车辆的具体型号，就需要更深层的特征，例如：

①车的形状；

②车的发动机和排量；

③车的其他参数等。

一般地，用来进行识别的特征需要满足下述特点。

①能够区分不同的对象；

②容易提取；

③容易比对。

例如，区分不同的人，一个常用的方法是识别他们的指纹特征。指纹特征包括分叉数量、分叉点、指纹形状等，这些特征，用指纹采集器瞬间就可以确定。指纹能够区分不同的人，同时在采集器地支持下容易提取也容易比对。也就是说，指纹是满足上述特点的"特征"。

在人脸识别这样的任务中，人脸的特征是什么？有些非常简单的特征，例如：

①眼睛数量：2；

②鼻子数量：1；

③眼睛连线与鼻子中线垂直。

但绝大多数人的这些特征是相同的，所以此类特征并不足以区分两个人。如何挖掘更深层次的人脸特征呢？在使用深度学习之前，直方图以及基于直方图的特征使用得较为广泛，而且基于直方图的识别方法现在仍然在行业中使用。下面给出直方图的定义和说明。

直方图是统计中经常使用的图表之一，英文叫作 Histogram，也叫作质量分布图，是由统计学家卡尔·皮尔逊首先提出的。

直方图使用一系列高度不等的纵向条纹或线段描述数据的分布情况。一般用横轴表示数据区间，纵轴表示分布情况。它是一种精确地描述数值型数据分布的图形表示方法。

构建直方图可遵循如下步骤。

①将数据的取值范围进行划分，分成一系列相连的区间，注意划分完毕的区间的长度通常是（但这不是必需的）相等的；

②计算取值落在相应区间中的数据的条数；

③该区间的纵轴坐标表示取值数量的占比，即

$$\text{区间的纵轴} = \frac{\text{该区间的数值数量}}{\text{数值总数量}}$$

下面以一个班级某门考试的成绩作为例子来熟悉直方图的构建方法，所使用的数据如表 8-1 所示。

表 8-1　成绩分布

学号	成绩
1	76
2	88
3	86
4	65
5	64
6	83
7	67
8	68
9	79
10	87
11	80
12	80
13	72
14	90
15	62
16	90
17	72
18	61
19	78
20	90

可以看到，成绩分布在 60 到 100 之间，假设学校按照如下方式划分成绩的等级。

优：90~100；

良：80~89；

中：70~79；

及格：60~69。

这相当于将 [60，100] 这个区间划分成了 4 个小区间。接下来用直方图来观察数据的分布情况。读者可以先自己动手统计，然后学习用 Python 来生成直方图（图 8-1）。

```
In [1]: import pandas as pd
# 导入 pandas 模块
In [2]: data=pd.read_excel('grade.xlsx',header=0)
In [3]: data.shape
Out[3]: (20,2)
In [4]: data[' 成绩 '].hist(bins=4)
# 指定成绩所在列的数据是分析对象，bins 的含义是把指定数据分成几部分
```

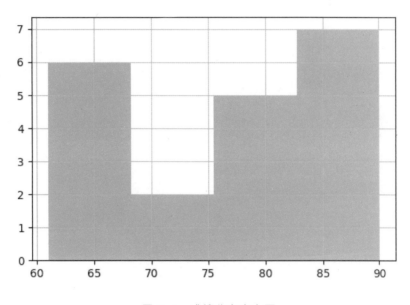

图 8-1　成绩分布直方图

该直方图反映了这个班级的成绩的重要特征。

想象这样的场景：某一所学校对不同的班级，都建立了类似的直方图。在考试之后，如果学校依据成绩对班级进行分类，则教务处只需要使用 4 个参数（优、良、中、及格各自的数量），就可以对不同班级的学习状况进行大致的分类了，而无须比较每个班级所有同学的考试成绩。当然如果采用上

述划分方式后，有两个班级成绩分布相同，那么这 4 个参数就不足以区分这两个班级，需要进一步挖掘更细致的特征。

一般的人脸识别是通过采集到的人脸照片来进行识别的，对于一张含有人脸的图片，可以使用它的颜色分布（或者灰度分布）作为数据生成直方图，而不同的人脸颜色数据对应的直方图一般是不同的，这样就可以区分不同的人脸了，第二节将会更详细地介绍如何使用这种方法区分人脸。

第二节　图像的数据表示和相似性

人脸识别首先需要获取识别对象的人脸照片。这些照片在计算机中存储的常见格式是以".jpg"结尾的 jpg 格式文件，下面以此文件格式为例进行讲解。一张彩色照片在计算机中通过 RGB 三原色显示色彩，其中，

R 表示红色（Red）；

G 表示绿色（Green）；

B 表示蓝色（Blue）。

人眼能够分辨的颜色都可以通过这三类颜色生成，这是三原色的名称来源。也就是说，通过调整这三种原色的比例，计算机可以存储和显示世界上千变万化的颜色。

这三种颜色的变化范围一般取为 [0，255]。0 表示这种原色不存在，而 255 表示这种原色最强。之所以采用这个范围，是因为 255 恰好可以用一个字节来表示，也就是可以用 8 位的二进制数 11111111 来表示。按照第二章讲的方法可以很方便地使用 Python 观察这种对应关系。

```
In [5]: 0b11111111
Out[5]: 255
```

还有一些软件用"三原色强度/255"这种"比例"来定义颜色。例如，（166，170，15）表示 RGB 的强度，这表示了图像上一个点的颜

色；如果换作用小数表示的方式，就变成了 (0.650 980 392 156 862 8，0.666 666 666 666 666 6，0.058 823 529 411 764 705)。这两种表示方法给出的点的颜色是一样的。

一张彩色图片使用上述表示方式就转换成了三个表格，这些表格叫作图片的通道，分别是 R 通道、G 通道、B 通道。如果有一个 4×4（长 × 宽）大小的图片，就一共有 16 个像素（4×4），每个像素都有三个分量 (R，G，B)，它们对应的表格如表 8-2 所示。从表中可以看出，第（1，1）个像素 RGB 的强度分别是（187，187，187），第（3，3）个像素 RGB 的强度分别是（205，167，187）等。

表 8-2　三通道示例

R 通道

187	186	172	167
101	188	182	197
120	191	205	173
131	182	200	180

G 通道

187	209	207	159
101	173	184	169
120	167	167	156
131	202	211	162

B 通道

187	164	200	197
101	186	178	194
120	197	187	151
131	164	195	169

没有彩色信息的黑白图像称为灰度图像。存储这种形式的图片无须 RGB 通道这样的三个表格，只需要一个表示黑白强度的表（矩阵）就可以把它表示出来。这时候 0 表示纯黑，而 255 表示纯白，中间的数值表示该点的灰度介于纯黑和纯白之间。

彩色图片也可以转换成灰度图片，这种转换可以通过一个通用的函数来进行。

```
Gray(x,y)=f(r(x,y),g(x,y),b(x,y))
```

这里 Gray(x，y) 表示坐标为（x，y）的点的灰度；r(x，y) 表示坐标为 (x，y) 的点的 R 通道强度（比例）；g(x，y) 表示坐标为 (x，y) 的点的 G 通道强度（比例）；b(x，y) 表示坐标为 (x，y) 的点的 B 通道强度（比例）。

在 Python 中有现成的模块可以用来显示或转换图片。本教材使用 PIL 模块，如果没有安装，需要先在命令行模式下使用 pip install 进行安装。

```
pip install PIL
```

通过以下命令调用 PIL 的 Image 组件，其中用到的图片文件可以在教材资源平台下载。

```
In [6]: from PIL import Image
In [7]: im=Image.open('Bin.jpg')
# 打开图片
In [8]: im.show()
# 显示图像
In [9]: grayim=im.convert('L')
# 将图像转化为灰度图
In [10]: grayim.show()
# 显示灰度图
```

图像数据可以看成是一个数组。所谓数组就是按顺序排列的一组数。在 Python 中，数组用下列形式表示。

$$(x_1, x_2, \ldots, x_n)$$

其中 $x_i(1 \leqslant i \leqslant n)$ 可以是数值也可以是一个数组。在 Python 中可以使用 numpy 模块查看数组形式的图片数据。

```
In [11]: import numpy as np
# 使用 numpy 包
In [12]: imarray=np.array(im)
# 将图像转化成数组表示
In [13]: imarray
# 显示图像的数据
Out[13]:
array([[[ 28,38,27],
[ 28,38,27],
[ 28,38,27],
...,
...,
[ 82,86,113],
[ 84,88,115],
[ 82,86,113]]],dtype=uint8)
In [14]: imarray.shape
# 给出图像数据的形状
Out[14]: (2333,1654,3)
```

从上述示例可以看到，转化成数组后，图像数据有长、宽、通道三个维度，图片中一共有 2 333 × 1 654 个点，其中 [28，38，27] 表示该点的三个颜色强度分别为 28、38、27。

为了提高人脸识别的效率，在获取人脸照片后，一般需要先对照片进行裁剪，只保留脸部的图片信息，如图 8-2 所示。这个过程叫作脸部检测（Face Detection）。经过脸部检测后，计算机在识别中不必对整张图片进行匹配，只需要考虑脸部信息的匹配即可，所以可以大大减少数据比对的工作量。

图 8-2　脸部检测和裁剪

脸部检测可以使用 Harr-like 特征完成。该特征有以下四类。

①边缘特征 (Edge Features)；

②线特征 (Line Features)；

③中心环绕特征 (Center-Surround Features)；

④对角线特征 (Special Diagonal Line Feature Used In)。

这四类特征都是关于图像局部区域像素分布的描述，使用特定算法对图片各个区域进行扫描，获取与人脸具有相似特征的区域，就可以实现人脸检测了（图 8-3）。

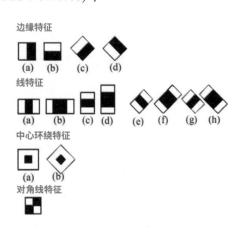

图 8-3　四类像素分布特征

人脸检测其实是一个二分类的问题，即是人脸，非人脸。

可以使用本教材讲过的决策树[①]实现这种分类，按照如下流程训练分类器。

输入图像—图像预处理—提取特征—训练分类器（二分类）—> 得到训练好的模型（Harr-like + 决策树）。

使用训练好的分类器，按照如下流程进行脸部检测。

输入图像—> 图像预处理—> 提取特征—> 导入训练好的模型—> 二分类（是不是人脸）。

接下来假设脸部检测已经完成，并已经对照片根据检测结果进行了裁剪，即接下来需要处理的照片是只包含脸部的照片。人脸识别将把未知照片与已有照片进行对比，从已有照片中找出与未知照片最相似的那一个，从而实现判定未知照片是谁的照片。例如，经过对比后得到表 8-3。

表 8-3　脸部相似排序示例

姓名	相似程度
张三	0.97
李四	0.63
王五	0.61
陈六	0.32
孙七	0.47

从表中可以看出，输入的新照片与已有的照片数据库中张三的照片相似程度最高，据此可以判定，被识别的这张人脸是张三的。

为了实施这个识别方法，需要解决的一个关键问题是，如何比较人脸的相似程度。

判断两张照片的相似性，可以通过如下三种方式进行。

---

① 实际上是使用一种决策树的进化版本叫作 Adaboost。

(1) 距离相似性

使用第五章讲过的欧式距离，距离越近，相似程度越高。

以灰度图像为例，假设进行对比的两张照片都有 $n \times m$ 个像素，则像素灰度所对应的矩阵为

$$X = \begin{pmatrix} X_{1,1} & \cdots & X_{1,m} \\ \cdots & \cdots & \cdots \\ X_{n,1} & \cdots & X_{n,m} \end{pmatrix}$$

$$Y = \begin{pmatrix} Y_{1,1} & \cdots & Y_{1,m} \\ \cdots & \cdots & \cdots \\ Y_{n,1} & \cdots & Y_{n,m} \end{pmatrix}$$

它们的距离定义为

$$|X - Y| = \sqrt{\sum_{i=1}^{n} \sum_{j=1}^{m} \left(x_{i,j} - Y_{i,j} \right)^2}$$

(2) 余弦相似性

这也是在第五章讲过的一种衡量相似性的方法。为了计算余弦相似性，需要将图片以向量形式描述（一行或者一列数据）。两张灰度图片 X 和 Y，此时写成如下形式。

$$X = (X_{1,1}, X_{1,2}, \cdots, X_{1,m}, X_{2,1}, \cdots, X_{2,m}, \cdots, X_{n,1}, \cdots, X_{n,m})$$
$$Y = (Y_{1,1}, Y_{1,2}, \cdots, Y_{1,m}, Y_{2,1}, \cdots, Y_{2,m}, \cdots, Y_{n,1}, \cdots, Y_{n,m})$$

按照第五章给出的计算公式

$$\cos(X, Y) = \frac{\langle X, Y \rangle}{|X| \cdot |Y|}$$

进行计算。计算出的余弦值越大，则相似性越高。

（3）结合直方图和上述两种距离计算相似性

直方图是一种可以将图片信息压缩表示的工具，使用直方图，可以提取图像的一些特征。对人脸照片进行直方图统计有细颗粒度和粗颗粒度两种方式，可以根据具体情况选用。下面以灰度图为例。

①细颗粒度。计算不同灰度值的像素数占总像素数的比例。因为灰度值介于 [0，255]，所以最终得到包含 256 个数值的特征。

②粗颗粒度。将 [0，255] 划分成多个子区间，然后统计直方图。例如，每 8 个灰度作为一个区间，一共划分成 32 个区间，进行统计后得到 32 个特征；如果每 16 个灰度作为一个区间，则最终会得到 16 个特征。获取直方图后，就可以使用 1 或 2 中的方法比较相似度了。

作为练习，读者可以分别使用这三种方法比较如图 8-4 所示的两张图片的相似性。

灰度图片 A

187	186	172	167
101	188	182	197
120	191	205	173
131	182	200	180

灰度图片 B

187	164	200	197
101	186	178	194
120	197	187	151
131	164	195	169

图 8-4

<h1>第三节　基于深度学习的人脸识别</h1>

现在读者对图片的数据表示方式以及人脸识别的基本原理已经有所了解。本节利用开源工具来具体实现人脸检测和人脸识别，所用数据可在教材资源平台下载。人脸识别是一个复杂的问题，为了达到一定的准确率，所需的工程量远远不是本教材这一节的内容所能描述的，读者可在实践过程中继续探索。

上一节简单介绍了人脸检测背后的原理，下面首先通过 OpenCV 来实现人脸检测。

使用以下命令在 Python 环境中加载 OpenCV 模块。

```
In [1]: import cv2
# 引入 OpenCV 模块
In [2]: faceClassifier=cv2.CascadeClassifier('haarcascade_front
                alface_default.xml')
# 构建 OpenCV 模块提供的脸部分类器，它用 Harr 特征检测脸部
In [3]: objImage=cv2.imread('facedetect.jpg')
# 读取要进行人脸检测的图片
In [4]: cvtImage=cv2.cvtColor(objImage,cv2.COLOR_BGR2GRAY)
# 将图片转化为灰度图像（Gray）
In [5]: foundFaces=faceClassifier.detectMultiScale(objImage,sca
                leFactor=1.3,minNeighbors=9,minSize=(50,50),fl
                ags = cv2.cv.CV_HAAR_SCALE_IMAGE)
```

```
# 该命令返回检测到的脸部，每一张检测到的脸都会给出左上角的坐标和脸部
# 区域的长和宽。相当于描述了一个方框，将脸部圈起来
In [6]: facenumbers=len(foundFaces)
# 该命令给出检测到的人脸数量
In [7]: for (x,y,w,h) in foundFaces:
            cv2.rectangle(objImage,(x,y),(x+w,y+h),(0,0,255),2)
# 该命令按照返回结果画出红框
In [8]: cv2.imshow(objImage)
# 显示标注脸部识别结果的图片
```

读者可以灵活运用以上命令，进一步拓展应用场景。例如，利用摄像头实时捕捉人脸并检测，同时还可以将检测到的人脸，利用返回的红框进行截图保留，并使用这些图片进行人脸识别。

人脸识别有很多实现方式，可以完全通过自己编写代码实现识别的全过程，也可以利用已经开源的模块。本书将使用开源的 face-recognition 模块来实现人脸识别。首先使用如下命令行进行安装。

```
pip install face-recognition
```

其实通过如下代码，face-recognition 也可以在一张图片中检测人脸个数并圈出人脸，从而实现人脸检测的任务。读者可以对比两种检测方法的性能。

```
In [1]: import face_recognition
# 引入 face_recognition 模块
        from skimage import draw,io
# 和前面不同，这里用 skimage 来显示图像存储图像
In [2]: image = face_recognition.load_image_file('facedetect.
            jpg')
# 读取要进行人脸检测的图片
```

```
In [3]: face_locations = face_recognition.face_locations(image)
# 确定每个人脸的位置，为框出人脸做准备
In [4]: len(face_locations)
Out[4]: 2
# 输出结果表示有 2 个人脸被检测出来
In [5]: for face_location in face_locations:
            # 对人脸位置进行循环
            top,right,bottom,left = face_location
            # 为每个人脸画四边形的四个位置，可以看出分别是四边形的上，
            # 右，下，左
            rr,cc = draw.polygon_perimeter([top,top,bottom,bott
                    om],[left,right,right,left])
            # 用 polygon_perimeter 绘制不填充的多边形
            draw.set_color(img,[rr,cc],[255,0,0])
            # 设置颜色为红色
            io.imsave('F:result.jpg',img)
            # 保存
```

原始的 facedetect.jpg 的图像如图 8-5 所示。

图 8-5

而 result.jpg 的图像如图 8-6 所示。

图 8-6

从示例可以看到,检测完毕的图片已经圈出了检测到的人脸。

下面使用 face_recognition 进行人脸识别,具体过程如下。

①准备好已经标注姓名或者 ID 的人脸照片;

②利用 face_recognition 将其编码;

③读入待识别的照片并将其编码;

④调用函数进行识别,结果通过 True 和 False 来给出。

```
In [1]: import face_recognition
# 引入模块
In [2]: binface=face_recognition.load_image_file("binface.jpg")
# 读入已知姓名或者 ID 的图片,这里已经知道该照片中的人是 Bin
In [3]: toberecognized=face_recognition.load_image_
                        file("toberecognized.jpg")
# 读入待识别的照片
In [4]: binencoding=face_recognition.face_encodings(binface)[0]
# 对已知 ID 的照片进行编码
In [5]: toberecognizedencoding=face_recognition.face_encodin
```

```
                                    gs(toberecognized)[0]
# 对待识别的照片进行编码

In [6]: knownfaces=[binencoding]
```
将已知姓名或 ID 的照片编为一组。这个例子里已知照片只有一张
```
In [7]: results=face_recognition.compare_faces(knownfaces,
                toberecognizedencoding)
```
使用该函数给出结果
```
In [8]: results
Out[8]: [True]
```
输出结果为真，说明待检测的照片中的人脸与已知姓名的照片中的人脸是相同的

待检测照片如图 8-7 所示。

图 8-7　Bin

　　识别的场景可以更丰富，比如加入更多已经标识了 ID 的人物照片。下面在识别对象中加入两个新的人物，他们的 ID 分别是 Ning（图 8-8）和 Yao（图 8-9）。读者也可以自行寻找合适的人物图片，使用这个方法看看是否能够准确识别。

图 8-8　Ning

图 8-9　Yao

新的代码如下。

```
In [1]: import face_recognition
# 导入模块
In [2]: binface=face_recognition.load_image_file("binface.jpg")
In [3]: yaoface=face_recognition.load_image_file("Yao.jpg")
In [4]: ningface=face_recognition.load_image_file("Ning.jpg")
# 读入已知 ID 的图片，分别是 Bin，Ning 和 Yao
In [5]: toberecognized=face_recognition.load_image_file("bint
                     oberecognized.jpg")
# 读入待人脸识别的照片
In [6]: binencoding=face_recognition.face_encodings(binface)[0]
In [7]: yaoencoding=face_recognition.face_encodings(yaoface)[0]
In [8]: ningencoding=face_recognition.face_encodings(ningface)[0]
# 对已知 ID 的照片进行编码
In [9]: toberecognizedencoding=face_recognition.face_encodin
                     gs(toberecognized)[0]
# 对待识别的照片进行编码
In [10]: knownfaces=[binencoding,yaoencoding,ningencoding]
```

\# 将三个已知 ID 的照片编成一组，用来进行识别

```
In [11]: results=face_recognition.compare_faces(knownfaces,t
                    oberecognizedencoding)
```

\# 该函数给出结果

```
In [82]: results
Out[82]: [True,False,False]
```

\# 输出结果中，第一次比对为真，说明待检测的照片是 Bin

第九章

文本处理与理解：断词识文

自然语言处理（Natural Language Processing，NLP）是人工智能领域中的一个重要而且极有难度的方向。这一章将介绍几个简单、有效的方法，让机器能够阅读文本并且理解文本的含义。

第一节　自然语言处理概述

　　微软的创始人比尔·盖茨曾把语言理解誉为"人工智能皇冠上的明珠"，一方面说明自然语言处理用处广泛，是很多领域迫切希望解决的问题；另一方面也说明这是一个极有难度的方向。随着深度学习的发展，在计算机视觉和语音识别领域，人工智能在特定问题上的能力已经超越了人类水平。但是时至今日，在自然语言处理领域中仍有很多具有挑战性的基本问题未被解决。如果把人工智能研究的内容分为感知和认知两部分，那么计算机视觉和语音识别等领域属于感知的部分，而自然语言处理则属于认知部分。对于智能系统来说，仅仅具有感知能力显然是不够的，具有能够理解和消化内容的认知能力才是智能系统真正意义上的核心。有观点认为，自然语言处理体现了人工智能的最高境界，当计算机具备了完全的处理自然语言的能力时，才算实现了真正的智能。

　　所谓"自然语言"，指的是人们在日常交流中所使用的语言，如汉语、英语、德语等。由于自然语言具有多样性，又有复杂的含义及语法变化，很难完全通过明确的规则进行描述。而人工智能中的自然语言处理，恰恰是希望通过数学符号和编程语言这种规则化的方式，来理解自然语言这种不完全规则化的语言。它基于大量的数据、人工智能算法、语言学及其他相关学科的知识，大体可以分为语言理解和语言生成两大任务。语言理解包含对词法、句法、语义的分析，对文本内容的理解、文本情感的分析等内容，语言生成包含文本到语音的转换（TTS）、文本摘要、写作等内容。虽然当前这些目标还不能完全实现，但是现有的技术已经可以理解文本的写作风格，理解词性及词汇之间的关联，在人机对话中对人说出的话做出部分有效的反应，实现不同语种的语言之间的翻译工作，使用机器生成可以媲美人声的音频，通过机器实现特定领域的文本写作等。

自然语言处理的应用场景非常广泛。例如，电脑及手机输入法的拼写检查及联想提示、搜索引擎对非结构化文本中信息的提取、商品评论的情绪分析、推荐系统、机器翻译、智能客服、机器写作、智能音箱等。

对指定的文本，尝试理解其内容之前首先需要对文本进行处理。以中文文本处理为例，词与词之间并没有明显的边界（英文单词之间以空格分隔），并且同一个句子存在多种划分方式（切分歧义）。例如，"中外科学名著"，包含了"中外""外科""科学""外科学""名著"等词汇，如何根据上下文的含义对词汇进行正确的切分？文本中还有可能存在手写错误或输入不规范的情况，如何减少这种因素的影响？在汉语中存在大量的多音字、多义词和歧义句，如"他和我说的一模一样"，可以理解成他的样子和我描述的样子是一样的，也可以理解成他所说的话和我所说的话是一样的。要让机器准确地理解句子的含义，必须结合上下文的语境来判断，如何让机器具有一定的记忆功能，从而可以结合语境理解语义？这些都是困难的问题。

自然语言处理的历史大体与人工智能的历史同步，1950 年图灵提出的判断机器智能的"图灵测试"，即是理解文本并做出符合人类逻辑的问答系统的一种测试标准。早期的处理方法多是基于规则的，通过使用计算机语言描述语法、词性、构词法等，尝试让机器理解人类的语言。这种方法开发的周期很长，需要语言学、语音学等各领域的专家配合。并且很难建立完整的规则体系描述人类的语言，开发出的系统泛化能力很差，严格的规则对于一些非本质错误容忍度很低（如输入错误），在大数据量的背景下，进行系统优化也很困难。种种原因导致基于规则的方法渐渐不受重视，20 世纪 70 年代，基于经验（统计）的方法开始大放异彩。IBM 采用统计的方法解决语音识别问题，将识别率从 70% 提升到 90%，使得语音识别有了从实验室走向实际应用的可能。大量基于统计的机器学习算法，如贝叶斯方法、隐马尔可夫、最大熵、支持向量机等，都被用于自然语言处理并取得了某种程度的成功。在当下这个深度学习成为人工智能主角的时代，深度学习技术当然也被大量地用于自然语言处理领域，它能够注意到前后词语之间的关联，通过各种网络结构来学习文本的整体含义，而不是孤立地看待单个或数个词汇，可以认为深度学习是处理并理解语言的第三种方法。

在对待这些不同流派的方法时，应该采取理性的态度。任何技术都有它的优缺点和生命周期，现在自然语言处理仍处于不太成熟的发展期，没有哪种方法能够完美地解决问题，结合不同方法的优点，才是正确的方向。例如，应用深度学习处理语言问题时，结合基于规则的方法，往往会取得更好的效果。另外，虽然现有的自然语言处理技术仍不能进行常识性地推理或者可靠地描述知识，但是在解决这些难题的同时要认识到，存在缺陷的语言处理系统同样十分有用，如何结合现有的技术水平开发实际的应用场景，也是值得思考的。这一章将结合具体的案例挑选自然语言处理中的几个专题进行讲解，包括中文分词、词向量以及文本情绪分析。

第二节　中文分词

　　前面已经谈到过分词的问题。因为词是表达语义的最小单位，所以几乎所有语言处理模型都是建立在识别词的基础之上的，这是自然语言处理中的一个基本问题。

　　英文的词之间存在天然的分界符（空格），所以只要识别分界符就可以解决大部分分词问题。这里之所以说解决的是大部分问题，是因为在手写文本识别任务中，因为存在书写不规范的问题，所以英文同样需要更高级的分词技术。更重要的，在中文、日文等词之间不存在明确分界符的语言中，准确分词是几乎所有其他自然语言处理工作的前提。接下来以中文为例介绍如何实现分词任务。

　　一个简单的处理分词问题的方法是建立中文词典，需要对句子进行分词时，要从词典中查询，遇到词典中存在的词汇就标识出来。这样做存在一个小问题，就是词典需要不断更新；还有一个大的问题，就是它不能很好地适应中文的复杂性。例如，"研究生命起源"，正确的分词方式是"研究 / 生命 / 起源"。但是在词典中还可以查询到"研究生""命"，如果按照"研究生 / 命 / 起源"分词是不正确的，但是机器并不能确定使用哪种方式分词，所以如果只采用查询词典的方式分词效果不是很好。

　　有一些办法可以改进这些缺点。例如，很多学者在 20 世纪 90 年代以前，尝试通过建立大量的文法规则来解决问题。但是语言的复杂性决定了基于规则的方法依然不是十分成功。随着基于统计的方法开始大量应用于自然

语言处理，分词问题慢慢取得了越来越好的效果。现在已经有多个效果较好的开源分词工具，如结巴分词（jieba）、盘古分词、LTP、THULAC 等。下面使用在网络上抓取的新闻文本作为案例，介绍如何利用结巴分词实现文本的分词工作。相关的文本数据可以在平台下载。

首先需要安装结巴分词模块，可以在命令行窗口通过如下命令安装

```
pip install jieba
```

在工作目录中存放待分词的文本文件"text.txt"，打开这个文本文件可以看到这是一则新闻。

新高考带来了新的变化，第一个变化是由一考定终身到多次考试，原来是根据高考成绩录取，学生有可能没考好失误了，也有可能超常发挥，确实存在这种由偶然性导致的不公平性。新高考解决了多次考试的问题，比如说设计了学业水平多次考试，然后英语多次考试，最后的话可能是考语文和数学，给了学生多次考试的机会去修正成绩。

第二个变化是多元录取。多元录取建立了多维度的人才评价体系，为全面评价学生选拔人才提供基础，这也为提倡多年的"素质教育"在当前条件下，提供了落脚点。除了裸分之外，现在有20多种录取通道，学生可以按照20多种录取通道去做准备，这对高考成绩也会是一个修正。这20多种录取通道有额外的加分数，再加上裸分的成绩，然后在统一的体系上进行录取，这在两个参考依据上是一个非常核心的问题。

导入两个模块 codecs 和 jieba。实际工作中，需要处理的文本来源不同，所使用的编码方式有可能也不相同。当需要对编码格式进行转换时，就需要用到 codecs 这个模块。另一个模块 jieba 是分词需要使用的主要工具。

```
In [1]: import codecs
In [2]: import jieba
```

指定需要进行分词的文件为"text.txt"，分词结果生成并存放在文件"textsep.txt"中。指定字符编码格式为"utf-8"，并通过 readline 读取文本中的第一行。

```
In [3]: result = codecs.open('textsep.txt','w','utf-8')
In [4]: source = codecs.open("text.txt",encoding='utf-8')
In [5]: line = source.readline()
```

通过循环语句逐行读取文本进行分词。通过 line.rstrip('\n') 去除每一行后的换行符，用 jieba.cut 进行分词并保存到 seg_list 中，参数 cut_all=False 表示采用精确模式进行分词，最后把所有分词结果使用空格作为分隔连接起来。打印分词结果可以看到分词基本准确，但也有一些不够准确的地方。

```
In [7]: while line!="":
            line = line.rstrip('\n')
            seg_list = jieba.cut(line,cut_all=False)
            output = ' '.join(list(seg_list))
            print(output)
            result.write(output + ' ')
            line = source.readline()
```

新 高考 带来 了 新 的 变化，第一个 变化 是 由 一 考定 终身 到 多次 考试，原来 是 根据 高考 成绩 录取，学生 有 可能 没考 好 失误 了，也 有 可能 超常发挥，确实 存在 这种 由 偶然性 导致 的 不公平性。新 高考 解决 了 多次 考试 的 问题，比如说 设计 了 学业 水平 多次 考试，然后 英语 多次 考试，最后 的话 可能 是 考 语文 和 数学，给 了 学生 多次 考试 的 机会 去 修正 成绩。

结巴分词还有更多的参数可以调整，读者可以逐个尝试调整参数，观察分词结果会有什么变化。

第三节　词向量

　　大家对计算机解决各类问题的方式已经有所了解，无论是图片、声音，还是视频，也无论采用何种算法，都需要先把处理对象转换成使用数值表示的形式，计算机才能进行计算。例如，在第八章处理与图片相关的任务时，使用图片像素的 RGB 值或者灰度值，就可以把图片转换成计算机能够处理的数值形式。当尝试进行文本的处理和理解任务时，会面临同样的问题，所以把需要处理的文本转换成数值表示的形式，是工作能够继续的首要前提。

　　这一节的主要内容是讲解如何让机器理解文本的基本单元——词。那么如何用数值的形式表示这些构成文本的基本单元呢？

　　有两种表示词的基本方法，一种是独热表示（one-hot representation），另一种是分布式表示（distributed representation）。

　　独热表示比较简单，它是常用的一种词表示方法。它的直观的理解方式是这样的，首先建立一个词表，这个词表的作用可以理解为一个大词典，在文本中可能出现的所有词都被收纳到了这个词表中并按某种顺序排列，每个词都以它在词表中出现的次序作为它唯一的编号。假设词表中一共有 3 个词，当需要表示某一个词时，查询到它在词表中出现的位置，比如它恰好是词表中的第 2 个词，则把这个词表示成一个三维的向量，向量的第 2 个分量是 1，其他的 2 个分量都是 0，也就是（0，1，0）。

　　更具体一些，例如，建立了如表 9-1 所示的词表。那么"我"的独热表示为（1，0，0，…），"是"表示为（0，1，0，…），"中学生"表示为（0，

0, 0, 0, 1, 0, …）。

表 9-1

词	我	是	中学生
编号	1	2	5

　　这种表示方式简单明了，再结合其他算法，可以较好地解决自然语言处理中的很多问题。但是它有两个非常明显的缺陷。一是在文本中出现的词数量会非常多，词表的容量会非常大，通常数量是以万为单位的，所以每个词的表示向量也都是数万维的向量，这在各类算法中会造成计算复杂度的急剧上升，并且会带来"维数灾难"。还有一个更重要的缺陷，这种表示方式并未考虑到词与词之间的联系。例如，"美丽"和"漂亮"是两个含义相似的词，但是它们的表示方式并不能体现出这种相似性，这相当于词的大部分信息被舍弃了，使用这样的表示进行后续的语言处理任务效果可想而知。

　　而词的另一种表示方式——分布式表示恰恰针对这两个缺陷做出了改进。分布式表示的概念最早是由辛顿于 1986 年在他的论文《学习分布式表示》（*Learning distributed representations of concepts*）中提出的，这个概念到 2000 年之后才开始慢慢受到研究者的重视并被应用到实际的任务中。词的这种表示方式被称为"词向量"（word embedding）或"词嵌入"，实现这种表示有几种不同的方案，接下来介绍的是使用神经网络进行分布式词表示的方法。因为这种表示需要用到较多的代数和统计知识，所以在这里不具体解释它的实现过程，只用相对简单的语言描述这种表示方式的想法。

　　为了解决通过向量描述词的含义的问题，分布式表示需要根据大量的文本统计不同词在上下文中的关系。例如，通过统计出现的频率，发现在"中国"这个词的前后，经常会出现"北京"这个词，那就认为这两者有比较密切的关系。在词向量的分布式表示中，经常采用的模型有两种，分别是

CBOW（连续式词袋模型）和 SKIP-GRAM。其中 CBOW 是根据某个词前面的 k 个词和后面 k 个词，来计算某个词出现的概率，也就是通过上下文来预测词。例如，有一句话"我很困"，那这句话后面出现"睡觉"这个词的概率就比较大。SKIP-GRAM 与此相反，是通过词来预测它的上下文，也就是计算某个词前面和后面出现其他词的概率。例如，出现了"睡觉"，那么它的上下文中出现"困""床"的概率就会比较大。通过建立这种联系，就解决了独热表示方法注意不到词与词之间关系的问题。

使用神经网络进行词表示的另一个优点在于，通过搭建合适的网络结构、制订合适的训练方法，在一定程度上保留词的含义的前提下，可以压缩表示词的向量的维数。这个过程可以理解为，通过训练，自动抽取词的含义的主要特征，从而把词以较小维数的向量展示出来。本教材不详细解释这种训练方式的细节。

采用这种表示方式，2013 年 Google 首先推出了用于获取词的向量表示的工具包，称为 word2vec。现在基于类似想法的工具包还有很多，利用 gensim 实现词向量训练非常简单，本教材将采用 gensim 提供的工具包实现词向量的训练任务。

训练词向量首先需要准备一个语料库，从这个语料库学习词与词之间的联系以及词的含义。语料库其实是训练数据。从这个角度来说，语料库越大，训练出的向量的准确程度就越高。作为案例，本教材使用金庸先生的武侠小说《笑傲江湖》作为语料库。相关数据"xiaoao.txt"可从教材资源平台下载，需要说明的是，资源平台提供的文本数据仅为该小说的部分内容，并且已经进行了分词和其他必要的处理。

首先安装 gensim 模块。在命令行窗口输入如下命令即可。

```
pip install gensim
```

在 IPython 控制台导入需要使用的模块，包括编码转换模块 codecs 以及与词向量相关的模块。

```
In [1]: import codecs
```

```
In [2]: from gensim.models import Word2Vec
```

```
In [3]: from gensim.models.word2vec import LineSentence
```

打开语料库文件，这里的语料库文件已经经过必要地处理，可以直接使用。

```
In [4]: inp= codecs.open('xiaoao.txt','r','utf-8')
```

使用 gensim 的词向量训练工具进行训练。参数 size 表示训练好的词向量的维数，window 表示需要考虑的上下文的长度，min_count 表示所考虑的词出现的最低次数，低于此数的词将被忽略。训练完成后把模型和向量保存起来，以备将来使用。

```
In [5]: model = Word2Vec(LineSentence(inp),size=300,window=7,
             min_count=5)
```

```
In [5]:model.save('xiaoao.model')
```

```
In [6]:model.wv.save_word2vec_format('xiaoao.vector',binary=False)
```

训练完成后，可通过调用相应的模型使用训练完成的词向量。

```
In [7]: import gensim
```

```
In [8]: model=gensim.models.Word2Vec.load("xiaoao.model")
```

查看与"盈盈"关联密切的词汇，输出结果如下。

```
In [9]: model.most_similar(" 盈盈 ")
Out[9]:
[(' 岳灵珊 ',0.9394630193710327),
 (' 林平之 ',0.9115134477615356),
 (' 举杯 ',0.8917326927185059),
 (' 田伯光 ',0.8862934112548828),
 (' 摇 ',0.8862836956977844),
 (' 曲非烟 ',0.8856724500656128),
 (' 忙 ',0.8839414119720459),
 (' 走 ',0.8811073303222656),
 (' 一眼 ',0.8792630434036255),
 (' 曲非 ',0.8775876760482788)]
```

这里的输出结果是根据词向量计算出的与"盈盈"关系最密切的词的前十名。可以看到有一定的道理，但是也有些不准确或者奇怪的输出。这跟训练语料的大小、语料的处理过程、网络参数的设置等因素都有关系，读者可以尝试进行进一步的改进，通常能够得到更精确的结果。

第四节　文本情绪分析

　　基于前面讲述的分词及词向量技术，可以进行非常有用也更复杂的文本处理工作。这一节将讲述如何利用这些技术来实现文本情绪的识别。很多语句、新闻、台词、评论都带有某种情绪，如果能够理解文本中的这种情绪，不但是有趣的事情，而且也有重要的应用价值。例如，在电商购物网站上，有很多的评论数据，如果能够自动识别这些评论数据的情绪，对于顾客选择商品、商家推荐商品都是很有帮助的。

　　这是一个相对复杂的工作，作为本教材最后一个实际案例，将采用模块化的方式实现，包括用于训练情绪识别网络的训练模块和使用训练好的网络识别文本情绪的识别模块。这种模块化的编程方式把复杂的任务分解成几个相对简单的任务，流程和可读性更好，在实际工作中十分常见。

　　本节所使用的训练数据是从电商网站的评论区抓取的商品评论，可从教材资源平台下载。这些文本的情绪已经做了人工标注，被分成了正面评论和负面评论两类。首先通过深度学习，去学习这些评论中正面评论、负面评论的特征。学习完毕后就可以使用训练好的网络判断新的文本表达的情绪是正面还是负面。标注了情绪的数据包括 10 679 条正面评论和 10 428 条负面评论，以 Excel 表格文件分别存储，文件名分别是 pos.xls 和 neg.xls。表 9-2 是从中截取的一部分样本。

表 9-2

10645	东西不错，已经安装好了，正品，打算再多买一台回来用。		
10646	不错		
10647	装上目前挺好 客服大涵人不错，赞一个		
10648	到货了还没用是正品，用了再追加		
10649	发货速度超级快！晚上下单，一早就送货安装^_^试用一周，超级好。		
10650	简单，安装很快，电话打了半小时就来装了		
10651	挺好，卖家态度也很好		
10652	东西还不错 自己装起来了 希望能用久点		

在训练模块中，首先需要使用训练好的词向量把训练数据（具有正负面情绪的文本）向量化，然后使用深度神经网络提取文本中的情绪特征，所用的网络结构中包括在自然语言理解中常用的长短时记忆结构（Long-Short-Term Memory, LSTM）。经过训练后的网络连接权值可以抽取出文本的情绪特征，使用它就可以识别新文本中的情绪了。

需要说明的是，由于训练适用于本任务的向量化词表需要使用内容相符并且规模较大的语料库，所以在教材资源平台提供了训练好的词向量模型，下载后可以直接使用。感兴趣的读者可以自己抓取文本，建立合适的语料库训练自己的词向量。虽然上一节已经介绍过具体的训练方法，为方便起见，本节最后也提供了适用于这个案例的词向量训练模块。

首先给出训练模块的程序，代码的含义请阅读代码中的注释。

```
# 导入所需的模块
import sys
# 用来分隔训练集和检测集
from sklearn.cross_validation import train_test_split
# 使用多个进程进行计算
import multiprocessing
import numpy as np
# 使用词向量
from gensim.models.word2vec import Word2Vec
from gensim.corpora.dictionary import Dictionary
```

```python
# 使用序贯模型
from keras.preprocessing import sequence
# 将要用到的网络类型
from keras.models import Sequential
from keras.layers.embeddings import Embedding
from keras.layers.recurrent import LSTM
from keras.layers.core import Dense,Dropout,Activation
import jieba
import pandas as pd
np.random.seed(1337)  # 指定随机种子，保证结果可复制
sys.setrecursionlimit(1000000)


# 设置参数
vocab_dim = 100  # 词向量的维数
maxlen = 100
n_iterations = 1
n_exposures = 10  # 出现频率低于 10 次的词会被忽略
window_size = 10  # 词向量考虑的上下文最大长度
batch_size = 30
n_epoch = 10
input_length = 100
cpu_count = multiprocessing.cpu_count()
# 并行 cpu 的数量可设置为 cpu 核心数


# 定义加载训练文件并对数据格式进行处理的函数，以备使用
def loadfile():

    pos=pd.read_excel('pos.xls',header=None,index=None)
    neg=pd.read_excel('neg.xls',header=None,index=None)
```

```
    combined=np.concatenate((pos[0],neg[0]))
    y = np.concatenate((np.ones(len(pos),dtype=int),
        np.zeros(len(neg),dtype=int)))


    return combined,y
```

\# 定义函数，对句子进行分词，并去掉换行符
```
def tokenizer(text):
    text = [jieba.lcut(document.replace('\n','')) for document
        in text]
    return text
```

\# 创建词典，并返回每个词语的索引、词向量以及每个句子所对应的词语索引
```
def create_dictionaries(model=None,
                        combined=None):
    if (combined is not None) and (model is not None):
        gensim_dict = Dictionary()
        gensim_dict.doc2bow(model.wv.vocab.keys(),allow_updat
                        e=True)
        # 所有频数超过 10 的词语的索引
        w2indx = {v: k+1 for k,v in gensim_dict.items()}
        # 所有频数超过 10 的词语的词向量
        w2vec = {word: model[word] for word in w2indx.keys()}


        def parse_dataset(combined):
            data=[]
            for sentence in combined:
                new_txt = []
                for word in sentence:
                    try:
```

```
                    new_txt.append(w2indx[word])
            except:
                    new_txt.append(0)
        data.append(new_txt)
    return data
combined=parse_dataset(combined)
# 每个句子所含词语对应的索引
combined= sequence.pad_sequences(combined,maxlen=maxlen)
return w2indx,w2vec,combined
else:
    print("No data provided...")
```

```
# 定义词向量函数，读取训练好的词向量模型。调用创建词典的函数
# 返回每个词语的索引、词向量以及每个句子所对应的词语索引
def word2vec_train(combined):


    model=Word2Vec.load('word2vec_model.pkl')
    index_dict,word_vectors,combined =
        create_dictionaries(model=model,combined=combined)
    return index_dict,word_vectors,combined


def get_data(index_dict,word_vectors,combined,y):


    # 所有单词的索引数，频数小于 10 的词语索引为 0，所以加 1
    n_symbols = len(index_dict) + 1
    # 索引为 0 的词语，词向量全为 0
    embedding_weights = np.zeros((n_symbols,vocab_dim))
    # 从索引为 1 的词语开始循环，每个词语对应到它的词向量
    for word,index in index_dict.items():
        embedding_weights[index,:] = word_vectors[word]
```

```
    x_train,x_test,y_train,y_test = train_test_split(combined,y,
                                    test_size=0.2)
    print(x_train.shape,y_train.shape)
    return n_symbols,embedding_weights,x_train,y_train,x_test,y_test


# 定义网络结构
def train_lstm(n_symbols,embedding_weights,
               x_train,y_train,x_test,y_test):


    print("Defining a Simple Keras Model...")
    model = Sequential() # 使用序贯模型
    model.add(Embedding(output_dim=vocab_dim,
                        input_dim=n_symbols,
                        mask_zero=True,
                        weights=[embedding_weights],
                        input_length=input_length))
    model.add(LSTM(recurrent_activation="hard_sigmoid",
              activation="sigmoid",units=50))
    model.add(Dropout(0.5))
    model.add(Dense(1))
    model.add(Activation('sigmoid'))


    print("Compiling the Model...")
    model.compile(loss='binary_crossentropy',
                  optimizer='adam',metrics=['accuracy'])


    print("Train...")
    model.fit(x_train,y_train,batch_size=batch_size,epochs=n_epoch,
          verbose=1,validation_data=(x_test,y_test))
    # 对模型进行评价并打印显示评价结果
```

```
print("Evaluate...")
loss,accuracy = model.evaluate(x_test,y_test,batch_size=batch_
                               size)
```

把模型保存到 lstm.h5 文件中，并打印最终训练结果的损失和精度

```
model.save('lstm.h5',overwrite=True)
print("\nLoss: %.2f,Accuracy: %.2f%%" % (loss,accuracy*100))
```

定义函数调用 train_lstm 用来训练网络并保存训练结果

```
def train():
    print("Loading Data...")
    combined,y=loadfile()
    print(len(combined),len(y))
    print("Tokenising...")
    combined = tokenizer(combined)
    print("Training a Word2vec model...")
    index_dict,word_vectors,combined=word2vec_train(combined)
    print("Setting up Arrays for Keras Embedding Layer...")
    n_symbols,embedding_weights,x_train,y_train,x_test,y_test
                    =get_data(index_dict,word_vectors,combined,y)
    print(x_train.shape,y_train.shape)
    train_lstm(n_symbols,embedding_weights,x_train,y_train,x_test,
              y_test)
```

定义函数，对句子进行分词并调用词向量转换成向量格式
这个函数用于训练完毕后的测试，在测试模块中调用此函数
定义在训练模块是因为需要使用此模块中的创建词典函数

```
def input_transform(string):
    words=jieba.lcut(string)
    words=np.array(words).reshape(1,-1)
    model=Word2Vec.load('word2vec_model.pkl')
    _,_,combined=create_dictionaries(model,words)
```

```
    return combined
```

```
# 运行训练函数（train()）
if __name__=='__main__':
    train()
```

将训练模块以文件名 lstm.py 保存，在 IPython 控制台输入如下命令运行训练模块，并保存训练好的情绪识别网络。

```
In [1]: run lstm.py
```

因为不同计算机的环境不同，所以读者的输出结果也许会稍有不同。输出结果如下所示。

```
Using TensorFlow backend.
Loading Data...
Building prefix dict from the default dictionary ...
21105 21105
Tokenising...
Dumping model to file cache
Loading model cost 0.922 seconds.
Prefix dict has been built succesfully.
Training a Word2vec model...
w2vec = {word: model[word] for word in w2indx.keys()}
Setting up Arrays for Keras Embedding Layer...
(16884,100) (16884,)
(16884,100) (16884,)
Defining a Simple Keras Model...
Compiling the Model...
Train...
```

```
Train on 16884 samples,validate on 4221 samples
Epoch 1/10
16884/16884 [==============================] - 44s 3ms/step -
loss: 0.6541 - acc: 0.6020 - val_loss: 0.4702 - val_acc: 0.7894
Epoch 2/10
16884/16884 [==============================] - 42s 2ms/step -
loss: 0.2957 - acc: 0.8888 - val_loss: 0.2601 - val_acc: 0.9029
Epoch 3/10
16884/16884 [==============================] - 42s 2ms/step -
loss: 0.1669 - acc: 0.9450 - val_loss: 0.2454 - val_acc: 0.9157
Epoch 4/10
16884/16884 [==============================] - 42s 3ms/step -
loss: 0.1224 - acc: 0.9640 - val_loss: 0.2627 - val_acc: 0.9154
Epoch 5/10
16884/16884 [==============================] - 42s 3ms/step -
loss: 0.0955 - acc: 0.9728 - val_loss: 0.2901 - val_acc: 0.9083
Epoch 6/10
16884/16884 [==============================] - 42s 2ms/step -
loss: 0.0749 - acc: 0.9801 - val_loss: 0.3316 - val_acc: 0.9078
Epoch 7/10
16884/16884 [==============================] - 43s 3ms/step -
loss: 0.0687 - acc: 0.9814 - val_loss: 0.3266 - val_acc: 0.9048
Epoch 8/10
16884/16884 [==============================] - 42s 3ms/step -
loss: 0.0493 - acc: 0.9877 - val_loss: 0.3791 - val_acc: 0.9119
Epoch 9/10
16884/16884 [==============================] - 42s 2ms/step -
loss: 0.0435 - acc: 0.9887 - val_loss: 0.4097 - val_acc: 0.9083
Epoch 10/10
16884/16884 [==============================] - 42s 2ms/step -
loss: 0.0378 - acc: 0.9911 - val_loss: 0.4326 - val_acc: 0.9029
```

```
Evaluate...
4221/4221 [==============================] - 3s 636us/step


Loss: 0.43,Accuracy: 90.29%
```

可以看到，训练过程中会显示每个 Epoch 所花费的时间、损失、精度等信息。经过 10 个 Epoch 的训练，识别网络在测试集上的精度超过 90%。

需要提醒的是，并不是训练的 Epoch 越多越好。虽然精度也许会不断提升，但是检验精度也许会下降，这就说明网络在训练集上已经过拟合了，此时应该停止训练。准确率与很多因素有关，调整网络结构、网络参数、增加标注数据、训练更好的词向量等方式都可以有效地提高识别准确率。本教材所使用的模型并未经过仔细调整，读者可以尝试各种调整方式以取得更好的识别效果。

接下来介绍识别模块，代码如下。

```
# 导入需要使用的库并设定参数
import sys
from keras.models import load_model
import numpy as np
np.random.seed(1337)
from lstm import input_transform
import multiprocessing


vocab_dim = 100
maxlen = 100
n_iterations = 1
n_exposures = 10
window_size = 10
batch_size = 30
```

```
n_epoch = 10
input_length = 100
cpu_count = multiprocessing.cpu_count()
argvs_length = len(sys.argv)
argvs = sys.argv


#test_sentence 表示需要识别情绪的句子，在识别过程中通过读取交互控制台
# 输入的命令中的最后一个参数获得
test_sentence=argvs[-1]


# 载入训练好的模型
print("loading model......")
model = load_model('lstm.h5')
model.compile(loss='binary_crossentropy',
                optimizer='adam',metrics=['accuracy'])


# 调用 lstm 模块中的转换函数，把识别对象转换成与模型的输入数据相符的格式
print(' 当前文本为：',test_sentence)
data=input_transform(test_sentence)
data.reshape(1,-1)
# 调用训练好的情绪识别网络进行预测，并打印预测结果
result=model.predict_classes(data)
if result[0][0]==1:
    print(" 测试文本为正面情绪 ")
else:
    print(" 测试文本为负面情绪 ")
```

　　将上述模块保存为“useit.py”，在 IPython 控制台输入下述命令，使用训练好的网络进行新文本的情绪判别。下面的示例中输出的判别结果是令人满意的。读者可尝试输入其他评论进行情绪识别，但是需要说明，因为这个

模型并未精细调教，所以出现识别错误是正常的，读者对深度学习掌握得更熟练后可尝试新的方法训练更好的情绪识别网络。

```
In [2]: run useit.py " 好好好 "
loading model......
当前文本为： 好好好
测试文本为正面情绪


In [3]: run useit.py " 太差了 "
loading model......
当前文本为： 太差了
测试文本为负面情绪
```

为了帮助读者训练效果更好的词向量，本节最后提供一个适用于本案例的词向量训练模块供读者参考。在这个模块中以"语料 .txt"代表用来训练词向量的语料文件，读者需要通过自己收集数据建立这个语料文件。

```
import sys
import os
import codecs
import multiprocessing
import numpy as np
from gensim.models.word2vec import Word2Vec
from gensim.corpora.dictionary import Dictionary
from gensim.models.word2vec import LineSentence
from keras.preprocessing import sequence
np.random.seed(1337)  # 固定随机数种子，保证结果可复制
import jieba
import logging
```

```
sys.setrecursionlimit(1000000)
# 设置网络参数
vocab_dim = 100  # 训练完毕后词向量的维数
maxlen = 100
'''
```

下述参数表示对每个输入词向量训练函数的句子迭代的次数。这可以理解为用来向训练函数中输入数据的迭代器的迭代次数，通常情况下，训练函数第一次接收数据用来收集单词并计算词频，第二次及以后，用来做神经网络训练。因为会迭代 iterations+1 次，所以此参数至少为 1。也可以更大，用以增加对每个输入的训练次数，但训练速度会更慢。现在模块的训练函数中，指明了 build_vocab 和 train 操作，所以就是训练一次。这样做，而不是直接用 gensim.models.Word2Vec(corpus) 是为了可以处理输入数据不能重复的情况，扩展性更好。

```
'''
n_iterations = 1
n_exposures = 10  # 训练中，出现频率低于 10 次的词会被忽略
window_size = 10  # 训练中考虑的上下文的最大长度
batch_size = 32
n_epoch = 10
input_length = 100
# 并行 cpu 的数量，可设置为 cpu 的核心数量
cpu_count = multiprocessing.cpu_count()


# 定义加载语料库函数
def loadcorpus():
    # 读取语料库，文件格式 txt，编码 utf-8
    corpus = codecs.open('语料_sep.txt','w','utf-8')
    source = codecs.open("语料.txt",encoding='utf-8')
    line = source.readline()
    # 分词
    while line!="":
```

```
            line = line.rstrip('\n')

            seg_list = jieba.cut(line,cut_all=False) # 精确模式

            output = ' '.join(list(seg_list)) # 空格拼接

            corpus.write(output + ' ') # 空格取代换行 '\r\n'

            line = source.readline()

        else:

            corpus.write('\r\n')

            source.close()

            corpus.close()


        return corpus
```

```
# 词典创建函数，返回词索引、词向量以及每个句子所对应的词语索引
def corpus_dict(model=None,

                        corpus=None): # 不限制模型和语料库数据格式
    # 如果模型和语料库正确输入，返回相应的值，否则显示无输入数据
    if (corpus is not None) and (model is not None):

        gensim_dict = Dictionary()

        gensim_dict.doc2bow(model.wv.vocab.key(),

                        allow_update=True)
    # 计算在文档中，每个关键词出现的频率并用稀疏矩阵的方式返回结果。例如( 0,1 )
    #（1,1）... 表达的意思是此文档中，出现了词典中的第 0 个词 1 次，出现了第
    #1 个词 1 次，依此类推。另外，允许增加新的文档来更新这个稀疏矩阵
    w2indx = {v: k+1 for k,v in gensim_dict.items()}
    # 所有频数超过 10 的词的索引 k 和 v 代表 key 和 value,遍历词典中所有元素
    #w2vec = {word: model[word] for word in w2indx.keys()} 所 有
    # 频数超过 10 的词的词向量


        def rebuild_corpus(corpus):
            # 用词的频率和索引重新描述语料库
```

```
        data=[]
        for sentence in corpus:
            new_txt = []
            for word in sentence:
                try:
                    new_txt.append(w2indx[word])
                except:
                    new_txt.append(0)
            data.append(new_txt)
        return data
    corpus=rebuild_corpus(corpus)
# 对语料的句子进行处理，每个句子允许的最大长度为 maxlen，
# 超过这个值的句子会被截断，短于这个值的句子会用 0 填充
# 可用参数控制截断和填充从头开始还是从尾进行
    corpus= sequence.pad_sequences(corpus,maxlen=maxlen)
    return w2indx,w2vec,corpus
else:
    print("No data provided...")


# 定义词向量训练函数
# 创建词典，返回词索引、词向量以及每个句子所对应的词语索引
def word2vec_train(corpus):
    program = os.path.basename(sys.argv[0])
    logger = logging.getLogger(program)

    logging.basicConfig(format='%(asctime)s: %(levelname)
                              s: %(message)s')
    logging.root.setLevel(level=logging.INFO)
    logger.info("running %s" % ' '.join(sys.argv))
    model = Word2Vec(LineSentence(corpus),
                    size=vocab_dim,
```

```
                    min_count=n_exposures,
                    window=window_size,
                    workers=cpu_count,
                    iter=n_iterations)
    # 保存词向量模型
    model.save('word2vec_model.pkl')


# 生成词向量并保存
def corpus_wv():
    print("Loading corpus...")
    corpus = codecs.open("语料_sep.txt",encoding='utf-8')
    print(len(corpus))# 载入语料库并显示语料库长度

    # 调用词向量训练函数，训练词向量
    print("Training a Word2vec model of corpus...")
    word2vec_train(corpus)

    print("Vectors of corpus are built successfully.")


# 定义主函数
if __name__=='__main__':
    corpus_wv()
```

第十章

未来已来：自动驾驶

自动驾驶被称为人工智能的终极场景，几乎所有的人工智能技术在其中都有体现，并且自动驾驶正在随着人工智能的高速发展逐步变成现实。本章将介绍自动驾驶的发展史和自动驾驶的技术分级。这是本教材的最后一章，读者将充分领略人工智能所引发的"出行革命"，通过进一步学习，参与到更多的人工智能"创新革命"中。

第一节　自动驾驶发展史

当汽车刚登上人类历史舞台的时候，人们把它称为"无马马车"，英文名字是 horseless carriages。这种称呼在当时是非常有道理的，因为汽车的功能和马车一样，只是把马车的"牲畜发动机"替换成了"机械发动机"。在汽车诞生后的一个多世纪里，它已经重塑了人类的生活方式，并在今天成为必不可少的出行工具。

汽车的普及也带来了许多问题，如环境污染、交通拥堵等，但其中影响最大的问题就是层出不穷的车祸。可以这样说，车祸是人类最凶险的杀手之一，所谓车祸猛于虎也，它不但会导致个人和公共财产损坏，而且会造成人员伤亡。根据世界卫生组织的死亡原因统计数据，2017 年全世界有 110 万人在车祸中丧生；而在中国，这个数字是 10 万人左右。

除了车祸以外，随着通勤时间的增加，汽车也将很多人的时间限制在了车轮之上，减少了人们自由的时间。驾驶员在驾驶中要集中精神，稍有松懈轻则违章，重则伤亡。世界上每个国家都设置了相关法律法规来限制人们有"危险"的驾驶行为，如醉酒驾车、开车使用手机等行为都是被严格禁止的。

而自动驾驶技术恰恰可以解决安全和自由两个问题。让计算机来代替人驾驶汽车，可以在不同程度上解放人类被方向盘束缚的问题，它还是一种理想的减少车祸的方案，因为：

①成熟的自动驾驶技术不会出现人类的危险驾驶行为，更不会故意冲撞；

②计算机依赖于快速的反应系统，它会比人类更快地对驾驶环境进行评

估，并更快地采取安全措施，这必然会减少事故的发生。

当然，许多国家都意识到，自动驾驶技术还有重要的军事用途：广义的自动驾驶既包括了自动驾驶汽车也包括了自动驾驶飞机，这些自动驾驶的装备都可以成为军事武器，从而降低人类参与程度并减少人类伤亡数量。

人类的第一辆"无人驾驶"汽车诞生于 1925 年，距今已经有将近百年的时间。根据字面含义理解，自动驾驶包括无人驾驶，或者说无人驾驶是自动驾驶的高级阶段。

1925 年，美国陆军的电子工程师弗朗西斯·侯迪纳制作了一辆"无人驾驶"的汽车，它更像是现在放大版的遥控汽车。人类通过电磁波来控制车辆的相关部件，如方向盘、离合器以及刹车装置等，这样车辆就可以在没有人"坐在上面控制"的情况下"自动驾驶"了。但很显然，这和现代的"自动驾驶""无人驾驶"概念不同，因为车辆仍然需要有"人"通过电磁波来控制车辆，控制的人需要根据路况和外界条件进行判断，汽车自身并不能进行真正意义的"自动驾驶"。

这是可以理解的，因为在当时的条件下，人类还没有足够好的摄像头、雷达、激光仪器等可以代替人类视觉的装置来捕捉外界场景，也没有足够快的计算设备来分析这些场景——毕竟第一台电子计算机在 20 年后才会诞生。

第一辆符合现代标准的"自动驾驶"汽车叫作斯坦福厢车（Stanford Cart）（图 10-1）。该车建造于 1961 年，最初的技术来源于执行月球探测任务的"月球表面自主行走"技术。根据资料，20 世纪 70 年代早期斯坦福厢车已经可以利用摄像头和当时的人工智能系统来绕过障碍物了。那时候的摄像头技术相对落后，只能采集黑白图像，而用来控制车辆的人工智能系统也是基于早期的机器学习技术，例如，在第三章讲的"决策树"方法就是其中一种。

现在看来，斯坦福厢车已具备了自动驾驶汽车的"雏形"，这表现在它共有下述特征。

①有外界环境采集设备，起到人类驾驶员双眼的作用；

②有处理系统，起到人类驾驶员大脑的作用。

但是斯坦福厢车距离实用还有巨大的距离，因为即使在最简单的室内场景，它每移动 1 米也需要 20 分钟！

图 10-1　斯坦福厢车

1995 年，在人工智能领域有颇多建树的卡内基·梅隆大学进行了一次"自动驾驶"测试。在该测试中，配备该校研发的自动驾驶技术的庞蒂克 Trans Sport——NavLab 5（图 10-2）成功穿越了美国，总行驶里程超过了 5 000 千米。这辆 NavLab 5 本身是一辆货车，在它的挡风玻璃前有一排摄像头，这些摄像头负责路况采集，而车厢内的计算机负责路线规划和方向把握。但美中不足的是，该车需要人类辅助"踩刹车"和"踩油门"，原因在于，尽管车载摄像头能够采集外界图像，但是计算机处理系统并不能成功识别所有的交通标识。

2001 年，一场真正促使自动驾驶实用化的比赛正式登上历史舞台。为了发展自动驾驶技术，美国国防高等研究计划局（DARPA）举办了一场"制造 + 穿越"的比赛。该比赛使用各参赛队伍自主研制的自动驾驶汽车，要求参赛汽车能够自动驾驶横穿加利福尼亚州莫哈韦沙漠。莫哈韦沙漠路况复杂、环境恶劣，对当时的汽车制造和自动驾驶技术都提出了很高的要求。

图 10-2　NavLab 5

在首场比赛中，尽管没有一个进入决赛的"选手"能完成全部比赛路线，但是这场比赛聚集了一个自动驾驶研究者组成的群体，这个群体后来主导了自动驾驶在不同领域的研究工作。

在这场比赛中，源于 NavLab 5 的卡内基·梅隆大学的沙漠风暴（Sandstorm）（图 10-3）取得了最好的成绩。这是一辆经过改装的悍马，整个行程的大多数时间中，它都在自动驾驶。

对比 NavLab 5，沙漠风暴除了摄像头外，还配置了昂贵的激光扫描仪、电子雷达，这些设备共同完成车外路况的采集；车辆自动驾驶的大脑是一个装满电子设备的机柜，质量达到 1 000 磅（约 453.6 千克），这是一个并行处理阵列，负责执行机器学习算法，可以指导车辆在崎岖的地形中找到可靠的行驶路线。

图 10-3　沙漠风暴自动驾驶车

四年之后，"制造 + 穿越"的挑战赛继续进行，这一次自动驾驶取得突破性的进展，一共有五辆车完成了所有的路程。

在所有完成比赛的自动驾驶汽车中，速度最快的是斯坦福大学的斯丹利（Stanley）（图 10-4）。这是一辆经过改装的大众途锐，它同样使用了高分辨率摄像头、阵列雷达和激光扫描仪。

斯丹利的体系与当前自动驾驶技术类似，它全程都依赖于机器学习处理和分析收集到的数据，并及时做出反应。这样的反应过程已经非常类似于人类驾驶员的处理过程了。

图 10-4　自动驾驶汽车斯丹利正在沙漠中行驶

2007 年，"制造＋穿越"挑战赛最后一次举办。为了增加比赛难度，比赛场地选在了一个废弃的空军基地，并且对行驶路线进行了特别设计以验证机器的识别和反应能力。最后卡内基·梅隆大学与通用汽车合作制造的博斯（Boss）（图 10-5）获得冠军。

博斯是一台经过改装的越野车，除了配备摄像头、雷达和激光扫描仪外，它还使用了一种新的全景雷达激光扫描系统。该系统可以提供 360°的全景扫描数据，以帮助博斯对更多信息进行处理和分析从而做出更好的决策。

图 10-5　自动驾驶汽车博斯

"制造＋穿越"挑战结束后，在比赛中形成的诸多技术开始通过各种途径进行商业化。

2009 年，斯坦福大学斯丹利的创建者塞巴斯蒂安·特伦承接了来自 Google 的任务：制造一辆有商业化前景的自动驾驶汽车，要求汽车能够自动在加利福尼亚州 1 000 英里（约 1 609.3 千米）公路上"正常"行驶。该任务如果能够实现，则意味着人类真正开发出了"能在公路上自动驾驶"的汽车。

塞巴斯蒂安·特伦招募了挑战赛中的许多优秀人才，对一辆普锐斯（Prius）（图10-6）进行改造。经过多次升级后，2011年，普锐斯完成了在加利福尼亚州道路上自动正常行驶1 000英里的任务。值得一提的是，普锐斯和比赛中的许多汽车不同，并没有特别多的传感器，它通过车身集成的大量摄像头和装配在车顶的全景激光雷达一体装置采集外界数据。

图10-6　普锐斯

在接下来的几年里，Google一直掌握着自动驾驶汽车领域的话语权，并且促使传统汽车工业开始重视自动驾驶。

2014年，Google又制造了一辆连车辆内饰设计都指向"无人驾驶"的新智能汽车，取名"飞行火焰"（Firefly）（图10-7）。飞行火焰没有方向盘，也没有制动和油门踏板，甚至没有驾驶员座位。在飞行火焰的开发过程中，Google使用了深度学习来提升它的环境识别能力，最终完成的飞行火焰比普锐斯更加智能，如在识别交通信号方面就更胜一筹。

2017年，Google组建的母公司Alphabet将它的自动驾驶团队独立出来成立了专注于自动驾驶的公司Waymo。基于深厚的技术积累和不断地创新，Waymo已是世界上最有实力的自动驾驶技术公司之一。

图 10-7　飞行火焰

随着自动驾驶技术的不断突破，2015 年以后，传统汽车制造商开始认真对待自动驾驶技术。2017 年，梅赛德斯 - 奔驰在消费电子产品展（CES）上发布了一辆未来概念汽车 F015（图 10-8）。

图 10-8　梅赛德斯 – 奔驰 F015

2017 年，通用汽车发布了一款既不带方向盘也没有踏板的雪佛兰鲍尔特（Bolt）（图 10-9）电动汽车，根据计划，该款车辆将在 2019 年下半年作为出租车推出。

图 10-9　计划推出的鲍尔特出租车

值得一提的是，我国的自动驾驶技术也在迅速发展。2018 年，互联网巨头百度公司的无人驾驶大巴"阿波龙"正式下线（图 10-10）。根据百度官方的说明，这些完成总装的阿波龙即将发往北京、雄安、广州、日本东京等地区开展商业化运营。阿波龙的设计指向"无人驾驶"，没有方向盘、没有制动和油门踏板，当然也没有驾驶座位。

图 10-10　阿波龙无人车

　　除了企业在不断突破自动驾驶技术外，政府也是自动驾驶的关键推动力量。许多国家都推出了多项措施和制度支持自动驾驶的发展，期望在自动驾驶的竞争中争得技术高点。其中一般都包含了对自动驾驶汽车进行测试的具体步骤和标准，同时也设置了详细的场景对自动驾驶技术进行考核，只有满足一定条件的自动驾驶汽车才能拿到正式的上路许可。

　　特别地，由于我国交通状况和路况都很复杂，自动驾驶所涉及的场景和应对难度也高于其他很多国家。例如，当前公认的中国道路模式包括 6 种天气和 4 种道路，组合起来共 24 个详细场景。

　　6 种天气包括：白天；夜晚；雨天；雾环境；强风环境；雪环境。

　　4 种道路环境分别为：高速公路模拟场景；城市测试环境；无标线道路；特定道路场景。

　　最高级的自动驾驶技术需要能够应付所有 24 个场景。尽管当前的自动驾驶技术还没有达到这个阶段，但是通过不断地改进和升级，相信未来一定能够实现全场景的自动驾驶。

第二节 自动驾驶技术分级

正如字面意思所示，自动驾驶和无人驾驶有所区别，无人驾驶是自动驾驶的高级阶段。例如，现在电动汽车品牌特斯拉已经实现了一定程度的自动驾驶，但是自动驾驶时人类驾驶员仍然需要把手按在方向盘上，这说明特斯拉的技术还不是"无人驾驶"，人类驾驶员还需要保持警惕。

为了更方便地区分和定义自动驾驶技术，有许多组织对自动驾驶进行了分级。目前全球汽车行业公认的两个分级制度分别由美国高速公路安全管理局（NHTSA）和国际自动机工程师学会（SAE）提出，具体分级标准如表10-1所示。

表 10-1 自动驾驶分级

自动驾驶分组		名称	定义	驾驶操作	周边监控	接管	应用场景
NHTSA	SAE						
L0	L0	纯人工驾驶	由人类全权驾驶汽车	驾驶员	驾驶员	驾驶员	无
L1	L1	辅助驾驶	车辆参与方向盘和加减速中的一项操作，人类驾驶员负责其余的驾驶动作	人类驾驶员和车辆	人类驾驶员	人类驾驶员	限定场景

自动驾驶分组		名称	定义	驾驶操作	周边监控	接管	应用场景
NHTSA	SAE						
L2	L2	部分自动驾驶	车辆对方向盘和加减速中的多数操作提供驾驶，人类驾驶员负责其余的驾驶动作	车辆	人类驾驶员	人类驾驶员	限定场景
L3	L3	条件自动驾驶	由车辆完成绝大部分驾驶操作，人类驾驶员需保持注意力集中，以备不时之需，在紧急时参与驾驶	车辆	车辆	人类驾驶员	限定场景
L4	L4	高度自动驾驶	由车辆完成所有驾驶操作，限定道路和环境条件	车辆	车辆	车辆	限定场景
	L5	完全自动驾驶	由车辆完成所有驾驶操作	车辆	车辆	车辆	所有场景

其中国际自动机工程师学会的分类更加详细且更容易理解，它将自动驾驶技术分为 L0 到 L5 六个级别。

L0 是指传统驾驶，完全由人类驾驶员进行驾驶操作，属于纯人工驾驶，汽车只负责执行驾驶人的命令，没有处理器进行驾驶干预。

L1 是指自动驾驶系统在一些时点能够辅助人类完成某些驾驶任务，这些技术包括车道保持系统、自动制动系统等，现在很多车辆已经使用了这些技术。

L2 是指自动驾驶系统能够完成某些驾驶任务，但人类需要参与监控驾驶环境并准备随时接管。根据公开的数据，绝大多数自动驾驶企业都已经做到了 L2 级别的自动驾驶。例如，特斯拉在高速公路的自动驾驶就属于此级别。

L3 是指人类驾驶员不再需要手脚待命，机器可以独立完成几乎所有驾驶操作，但人类驾驶员需要保持注意力集中，以便应对可能出现的人工智能无法处理的极端特殊情况。

L4 和 L5 级别是真正的无人驾驶，或者称为完全自动驾驶技术。汽车可以在完全不需要人类介入的情况下完成所有的驾驶操作，这意味着人类可以将注意力放在其他方面，比如工作或休息。

L4 和 L5 在场景方面有所区别。L4 级别的自动驾驶适用于部分场景，这些场景对自动驾驶技术要求相对较低，通常指在城市或在高速公路行驶的场景。L5 则要求自动驾驶汽车在任何场景都可以完成自动驾驶。

一般自动驾驶是通过在某种意义上模拟人类驾驶行为来实现的，需要汽车也"能听、能看、能思考"。这是通过传感器、控制器和执行器实现的，传感器赋予汽车听觉和视觉，控制器起到大脑的作用，而执行器用来替代人类的手、脚，如图 10-11 所示。

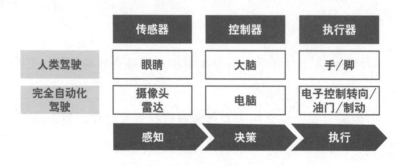

图 10-11　自动驾驶简单技术图

深度学习被广泛地用于自动驾驶的各个方面，并且起到了关键的作用。可以使用卷积神经网络处理和理解图像，这对车辆判断路面情况，识别交通标志和信号是至关重要的。可以通过递归神经网络处理语音信息及其他带有时间标记的数据，这可以帮助车辆方便准确地接收人类指令，并对路面上的各种声音做出反应。多数自动驾驶技术需要进行超长时间和里程的路测，通过路测不断学习并更新系统，这涉及诸如强化学习、对抗生成网络和迁移学习等深度学习的细分领域。

　　作为人工智能的一个终极应用场景，自动驾驶是促进人工智能发展的重要推动力，也是检测各种技术能力的试金石。人工智能的应用场景当然不限于此，读者可以充分发挥想象力，学习和探索各种已知和未知的应用场景。在已有场景中不断取得新的技术突破固然重要，但是充分发挥人类的想象力，不断探索各种未知的人工智能应用场景也同样是重要而且美妙的事情。本书只是起到介绍、认知、实践、入门的作用。机器通过学习不断更新参数，得到更加智能的系统；希望读者也在学习人工智能的过程中，不断更新自己的认知水平，建立更加完善和深刻的人工智能知识系统。

后 记
EPILOGUE

教材付梓之际，恰值新学期伊始，此书权且当作送给中学生朋友的一份开学礼。让大家对人工智能建立一定的认知水平，并通过实践获得实际应用的能力，是我们最大的快乐。

虽是工作与生活中的挚友，在本书写作过程中，我们对内容与写作方式也有过不休的争论，两人几乎所有的假期与空闲时间都用于写作本书。但这是几年来我们一直想做的事情，希望在大学教学和科研工作之外，为科学教育尤其是人工智能教育出一分力，写一本可读、易学、好用的书。最后种种辛苦，都化成了阵阵墨香，令人愉悦。

在这里，我们必须感谢写作过程中给予我们支持与帮助的诸位师长和同人。

李德毅院士、俞敏洪老师以及王国胤教授或是学界巨擘，或是教育领袖，百忙之中拨冗为本书作序，在此深表谢意。三位师长的支持也令我们深感责任重大，我们一定积极接受读者的反馈，持续完善和修订本书，力争做得更好。

还要感谢著名书法家、中央财经大学陈明副书记慨然为本书题写书名，祖国的艺术瑰宝与人工智能的科技力量交相辉映，督促我们继续前行。

本书使用了许多开源工具。过去几年基于通用公共许可协议（General Public License）的开源程序不断涌现、更替和进化，这是新一代人工智能技术如此繁荣的一个重要因素。衷心感谢所有开源工具的开发者为此付出的不懈努力。

最后，感谢来自中国人工智能学会、中国指挥与控制学会、中国银行保险监督管理委员会偿付能力监管部、中国科学院数学与系统科学研究院、中国科学院自动化研究所、中国科技大学、北京师范大学、中央财经大学、新东方、寓乐湾、鲸媒体等组织与单位中的师友给予的推荐、建议和帮助。